U0095033

生態學

理解我們的世界如何運作

A Very Short Introduction

Ecology

JABOURY GHAZOUL

傑布里・哈蘇
著

聞若婷
譯

林大利
審訂

獻給我所認識最熱情的自然史學家戴夫（Dave），

以及指日可待的海豚專家沙納（Sanna）

目錄

第一章　生態學是什麼？ 5
第二章　生態學的開端 21
第三章　族群 55
第四章　群落 85
第五章　單純的複雜問題 127
第六章　應用生態學 161
第七章　文化中的生態學 199
第八章　未來的生態學 221
延伸閱讀 251

第一章

生態學是什麼？

那個吃什麼？

「那個吃什麼？」好幾年前，我的三歲兒子愛把這句話掛在嘴邊，他對四周的各種生物深深著迷。凡是恰好進入他視線的動物，都會令他產生這個疑問。身為父親的我，一心希望稚子培養更豐富的創意，對於他一再重複的提問感到氣餒，然而這個簡單的疑問不啻為生態學的核心重點。生態學主要在探討生物如何彼此互動，以及如何與環境互動。這包括牠們吃什麼，還有什麼東西會吃牠們。掠食者、獵物、植物、寄生蟲、病原體——都運用不同的食物封存策略來獲取能量，努力生存以及繁殖。不同的策略使大自然出現了一些樣態（pattern，見圖1）。究其根本，生態學其實就是力圖了解自然界中，是什麼樣的生物過程塑造出這些樣態。

當然，生態學不僅止於討論吃與被吃之間的關係所形成的樣態而已。生物會競爭稀少的資源，也會為了共同的利益而合作。牠們會改變周遭環境、創造交互

圖 1　生態上的交互作用會形成各種樣態
在納米比亞，周圍長了一圈植物、中間是光禿禿土壤的神祕「仙女環」，現在據信是白蟻清除蟻穴附近的植物，再加上植物競爭水源的綜合結果。（來源：Stephan Getzin）

作用的機制，並且在自然界中表現出新的樣態。牠們受限於周遭既複雜、又會隨時空變化的環境。人類也會藉由改變環境以及生物豐度（abundance，生物個體的數量），而左右生態樣態與過程。

我的孩子還小時，我們常去一座小池塘玩，夏天時，那座池塘滿是蜻蜓和豆娘。「蜻蜓池塘」吸引了我兒子的注意力，他們認出許多從水面輕點而過的昆蟲，不需要任何課本，他們已對生物多樣性的概念略知一二。確定這些生物吃什麼以後，他們下一個問題必然就是：「那一個叫什麼？」知名物理學家理查．費曼（Richard Feynman）堅信「知識不是由名稱堆砌出來的」。就知識的嚴格定義來說，這句話或許沒錯，但我的孩子可不這麼認為。對動植物名稱的好奇心，促使他們發掘物種間的差異，而這些差異又讓他們確定，牠們確實是需要不同名稱的相異物種。更多疑問接踵而來：「那一個會做什麼？」「為什麼這一個總是待在樹林裡，另外那個卻在草地上？」他們開始察覺自然界有秩序與樣態了。生態學就是從這樣的樣態開始的。樣態使得「牠吃什麼？」這類問題含有生態學的趣味。以描述、鑑定及分類生物為內容的分類學（taxonomy）提供了一個基礎架構，藉由這個架構，我們能夠識別及理解生態學的樣態和交互作用。名稱開啟了觀察與探詢的新前景。費曼是極為優秀的物理學家，不過大概會是蹩腳的生態學家。

我在倫敦帝國學院（Imperial College）工作，其中的西爾伍德園（Silwood Park）校區有大片草坪，夏天常看得到野兔。我兒子超愛追野兔，儘管根本追不上。不過，只要他們發現有狐狸鬼鬼祟祟地躲在樹林邊緣，就會馬上煞住腳步。他們鮮少看到狐狸，看到時會有些不安。他們知道狐狸吃野兔，但他們很疑惑：既然野兔這麼多，我們怎麼沒看到更多狐狸呢？向他們解釋一隻狐狸需要靠很多隻野兔才足以養活整個家庭，也就等於帶出生態學一項基本定律：隨著我們在食物鏈往上移動，由植物到吃植物的植食動物，到吃植食動物的肉食動物，可用的生物量（biomass，也就是活體生物的質量）會逐級遞減。消費者（consumer）建構生物量的能力受限於牠們取得食物的能力，也受限於牠們將食物能量轉換成生物量的能力。因此，狐狸的數量遠比野兔少。

並不是每年夏天都有那麼多野兔。有某幾年，很明顯地野兔零零稀稀。我兒子開始注意到，田鼠、橡實和山毛櫸果實也有類似因年份而異的數量波動。某些年，西爾伍德園裡的小蘋果園結實纍纍；某些年，產量少到孩子們為了確保分到足夠的量，還要趕在住校的研究生之前採果。現在，我兒子開始提出資源波動（resource fluctuations）和族群動態（population dynamics）的問題了。或該說他們問的是：蜜蜂為什麼要飛去停在蘋果花上？蚯蚓在做什麼？刺蝟為什麼只在晚上才出來？岩槭的種子為什麼會旋轉？蘋果樹為什麼會長出蘋果？這些都是生態學的問題。

什麼是生態學？

生態學是科學，也是一門學科。它也是強調與環境連結的世界觀，廣義上可算是「環保主義」的同義詞。從科學及文化這兩種角度來詮釋生態學，會讓人困惑兩者之間如何有所關聯，不過也能藉著社會討論將一些生態學觸發的想法擴散出去。最後的結果就是，生態學成為社會政治及文化敘事中普及度相當高的科學。生態學思維遍及浪漫主義、唯心論、文學和政治領域，它已成為現代生活選擇以及政治方針的驅動力。

生態學作為學科時，關注的是生物之間，以及生物與環境的交互作用。生態學致力於描述這些樣態，並了解其形成機制。描述自然界的樣態往往很容易，譬如說，眾所皆知當我們從極地往熱帶移動，物種的數量會增加。至於理解樣態背後的原因則比較困難。有些理論探討物種豐富度（species richness，物種的數量）與非生物環境（abiotic environment，環境中沒有生命的成分，例如水、土壤、岩石、礦物、氣候等）、能量可及性、氣溫或降水量之間的關係；有些理論強調促進物種共存的生物交互作用。較普遍的物種可能承受疾病或掠食者高得不成比例的攻擊，而稀有物種也可能發展出特殊生存策略，有助於牠們在擁擠且競爭激烈的環境中長久續存。無論如何，對稀有物種有利的過程往往能支持更多的物種。

生態學與演化的整合架構密切相關，而演化基本上可說是生態交互作用的結果。古生物學家史蒂芬．古爾德（Stephen Jay Gould）的論文集《達爾文大震撼——課本學不到的生命史》（*Reflections in Natural History*），探究了生態與演化的交互作用。古爾德本人對生態學無感，或許是因為他是古生物學家，唯有自然系統的歷史發展才能激起他的好奇心，而他在生態過程中看不出什麼具歷史意義的解釋。儘管古爾德興趣缺缺，其實生態學仍然有其歷史性觀點，十九世紀的地質學家查爾斯．萊爾（Charles Lyell）就看出來了。萊爾的地質學很明確地奠基於歷史觀點上，以可觀察到的地形抬升與侵蝕等自然過程為研究基礎。萊爾將此歷史觀點應用在生物世界，反駁靜態且缺乏歷史觀點的「自然平衡」論述，更偏向支持在播遷、掠食、競爭等生態過程中，而形塑的連續擾動（disruption）與變化。這為大自然開了一扇更有活力的詮釋之門，激發達爾文（Charles Darwin）、華萊士（Alfred Russel Wallace）等人以生態學的洞見發展出演化論。

以演化論的觀點為基礎，生態學才真的有意義。就本質上而言，生態結果就是演化過程的即時狀態。某物種的個體要與其他生物以及與環境交互作用，其中一項功能在於使該物種能長久續存。套用一句老套的戲劇比喻：環境就像舞台，所有互動都在其上演。在「演化」這齣戲裡，天擇是導演，而生態學就是戲碼。

物理嫉妒

法國數學家兼物理學家拉普拉斯（Pierre-Simon Laplace）主張，理論上，只要我們能徹底了解現今的世界及其所有運作機制，就可能預知每個原子的未來。當然，現在物理學家已充分意識到，自然界無可避免地會有各種偶發狀況，而「隨機」在生態學理論中也是根深蒂固存在的特質。生態學法則更偏向或然性而非決定論。

我們或許能根據物種特徵、環境條件和資源可及性等資訊，推斷族群播遷的趨勢，但我們無法精確地說出播遷過程發生的地點、時間以及參與的個體。生態學法則的基礎，是以統計方法建立模型，並對自然現象作出可能的解釋。生態學強烈的數學傳統創造出許多關於族群和群落運作的洞見，然而生態學的數學模型遠不及物理學模型來得精確。這反映出歷史上的偶發事件，對生態結果——也可說是演化結果——發揮了多麼重大的作用。生態學的機制和樣態受到過往歷史因素影響的程度，不亞於當前正在發生的生態過程。

科學簡化論者主張，只要探究任何系統其構成單位的特性，我們就能理解整體如何運作。儘管生態學家研究時也會使用簡化論的觀點，但他們也看得出這不足以充分理解生態系統的運作。生物系統引人入勝的地方就在於其「突現」（emergent）的複雜性。單一生物個體就是個功能複雜的單位，所具備的特質比其細胞或器官總數還多。同樣地，生態系統也具備無數生物和物種之間交互作用的突現特性，例如繁殖、掠食、競爭、共生、播遷和生長等交互作用，造就了複雜的結果。不僅如此，生物交互作用的過程還跨越了空間尺度。正是這些部分和運作過程在不同空間尺度上的交互作用，賦予生態學最鮮明的特徵，亦即具備「整體性」（holistic）的世界觀。在這種世界觀中，需要考慮特定系統在諸多層面的特性，才能理解其突現的特性和結果。

生態學理論

有人詬病生態學充斥著概念卻缺乏原則，這種說法有一點不公道，但確實反映出，在一個基本上取決於過去歷史事件和干擾的學科中，發展一套嚴謹且具有預測性的理論有多麼困難。儘管生態學本身就有不確定性，但仍然可以概述支撐生態學的幾個基本科學命題，並在此基礎上建立生態學理論。

顯而易見的是，各式各樣的生物分布樣態，是大自然突現樣態的基礎。物種及生物個體並非均勻地分布在時空中。舉例來說，岩岸的海藻和表覆型生物（encrusting organisms，例如珊瑚、海綿等），層次分明地占據低潮線以上的各個高度帶。這樣的垂直分布模式，是物種間的生物交互作用，再加上物種因應自然環境的結果。生物交互作用可能發生在同物種的不同個體間（種內），也可能發生在不同物種之間（種間）。交互作用的性質可能是互害的，也可能是互利的。

物種會根據物理過程造成的環境條件變化作出反應，無論是沿海的波浪作用和海水倒灌、海拔變化導致氣溫下降，或是緯度增加帶來的季節性變化。這類環境異質度是提供生物異質度的基本模板。然而，生態結果對偶發事件的偶發狀況（例如一顆種子落在甲地而非乙地）以及初始環境條件，是非常敏感的。因此，大自然是高度動態的狀態，生態上的預測也受制於歷史偶發事件。

在這個持續變動的生物物理環境中，資源是有限的。資源或許受限於物理過程，例如降雨型態限制了水資源的可及程度，也可能受限於生物是否能充分利用這些資源。物種的特性及其取得資源的策略，決定了生物在特定環境中能否生存和繁殖，也包括後續牠們的相對豐度及分布。

最後，演化的改變由天擇所驅動，而天擇的本質就是一種生態過程；演化形塑了個體與物種的特性，而這些特性又決定了牠們的生態特質。

生態學的世界觀

在現今這個環境劣化的時代，生態學是我們了解自然和農業系統運作的科學濾鏡，那攸關我們未來的福祉。許多專業生態學家都強烈希望改善環境管理，而正如美國生態學家暨作家奧爾多・李奧帕德（Aldo Leopold）在一九四七年的信件中所說的：「我們怎能自稱為生態學家，卻又漠視現在已蔓延全球的生物浩劫。」然而生態學本身並不具規範性——沒有什麼「應該」或「理當」。雖然生態學並不能和環保主義畫上等號，但它確實能為環境管理和保護提供諸多貢獻。這些學科汲取生態學的概念和理論，以擬訂策略確認我們「應該」如何管理生態系、資源和生物多樣性。這種規範性的觀點令這些學科有別於嚴格定義下的生態學。應用生態學介於兩者之間，因為它評估人類活動對生態系造成的影響，並探討可能的解決方案。令規範性立場變明確的是決策過程，而不是科學本身。

對專業生態學家而言，一項縈繞不去的困擾是，相當多一般民眾將生態學與環保主義畫上等號，甚至將其等同於肉身護樹、綠色靈修，或更糟的嬉皮主義。在大眾心裡，生態學遠不止是科學。它巧妙地滲透到現代社會的政治和文化中，並藉此延伸且重塑其意義。生態學在各種次文化的套用和重新詮釋之下，不但影響甚至顛覆了主流文化。生態學在行銷界和廣告界的普遍程度，都顯示無論科學家或環保人士都無法將生態學的概念或迷因當作獨占商品。生態概念的文化詮釋和使用是一個廣泛且引人入勝的探究主題，這在本書的倒數第二章中有所討論，但本書主要致力於生態學的科學本身。

第二章

生態學的開端

從古到今，人類都為大自然的運作深深著迷，並利用豐富的記敘式自然史文化與周遭環境建立關係。近代傑出的生態學家查爾斯．艾爾頓（Charles Elton）將生態學形容為「極為古老學科的新名稱，它指的其實就是自然史的科學面」。有些最基本的生態學概念，可以追溯到古典時代的自然史文獻。從這些開端到現在，生態科學的發展主要是概念進步的產物，這些概念在過去一個世紀裡，已經創建了一個在技術和數學複雜性上皆很豐富的學科。然而，生態學所關注的過程和結果，對任何有洞察力的觀察者來說，依然能夠親近和理解。這得益於一個將深入知識與魅力相結合的自然史架構。

古典生態學

約在西元前四二五年去世的希羅多德（Herodotus）被譽為史學之父，不過他也是很認真的自然史學者。他注意到尼羅鱷會張開大嘴，讓鳥兒安全無虞地搜括寄生在牠們嘴裡的水蛭，對兩個物種都有益的交互作用，稱為「互利共生」（mutualism）。再晚一些的西元前三八〇年左右，柏拉圖厲斥森林消失及隨之而來的阿提卡（Attica）地區土壤侵蝕問題，對生態過程提出了環境保護方面的觀點。希羅多德和柏拉圖都沒有深入到發展出生態哲學的程度，他們的觀察完全建立在自然史的基礎上。

至少以歐洲而言，生態學思維真正有了最初的萌動，應該是從亞里斯多德的學生希奧弗拉斯特斯（Theophrastus）開始的。亞里斯多德自己已提出一些初階的生態學論述，像是注意到動物與環境的關係，基本上就是沿襲希羅多德和柏拉圖早先的觀察。希奧弗拉斯特斯倒是在《植物誌》（*De historia plantarum*）和《植物本原》（*De causis plantarum*）中，發展出對植物完整許多的生態詮釋。希奧弗拉斯特斯對植物本質的論述可分為三個方面。第一是植物固有的本質，現今我們可能會稱之為受基因影響的特性。第二是植物生存環境的本質，就植物的特性而言，其生存環境不一定對它有利。第三個方面是人類的作用，這種作用可能獨立地改變植物固有的特性或環境。希奧弗拉斯特斯與早先的哲學家不同，他主張生物的目標是製造讓自身永續存在的種子，而不是供應人類食物、燃料或其他利用價值。

希奧弗拉斯特斯注意到，植物只在適合它們固有特性的環境才會枝繁葉茂。這與我們現代所說的「生態棲位」（ecological niche）是類似的概念。他看出各種植物分別適應不同的乾燥、濕潤、鹽度和土壤類型條件。環境和植物固有傾向之間的交互作用，決定了各種植物物種能活得多好。他觀察到，有些植物只在環境條件範圍很小的狀況下才活得好，因此分布範圍也很小。只有一些樹種能在山區生長，但希奧弗拉斯特斯也發現，即使是在山區，取決於當地的條件，物種的類型和外形也有差異。

「物種間有競爭關係」的類似概念，最早也可追溯到希奧弗拉斯特斯。他注意到生長距離很近的樹木會競爭水資源與陽光，因而變得又高又細，生長在較開闊環境的樹木就不會如此。有些樹（例如杏樹）是「惡鄰居」，它們會抑制鄰樹的生長。希奧弗拉斯特斯也像希羅多德發現了互利共生的交互作用，他描述松鴉會將橡實埋起來，讓它在地底發芽，鳥群也會散布槲寄生的種子。希奧弗拉斯特斯如同柏拉圖，公開譴責濫墾土地與森林而造成環境劣化。他主張排水和砍伐森林會造成當地氣候冷卻，使土壤貧瘠，而疾呼要限制伐木來管理土地。

希奧弗拉斯特斯的生態學與現代生態學的差別在於，缺乏生物在複雜群落中形成交互作用網路的概念。他也沒考慮到族群成長和衰減的議題，這令人頗感訝異，畢竟更早之前的亞里斯多德已經提過齧齒類動物快速增加、後來又急遽減少的情況。或許是因為希奧弗拉斯特斯主要感興趣的對象是植物吧。話雖如此，他對隨後而來的植群發展——以現代生態學用語來說即為自然演替（natural succession）——也未置一詞。不過對他的疏忽窮追猛打未免太小心眼，尤其是在他之後的兩千年內，幾乎都沒人能就他的思想作更進一步的發展。

希奧弗拉斯特斯留下的最重要貢獻，是賦予植物一種獨立於人類之外的「目的」。他以始終如一的態度，將自然視為生物與其生活環境間的關係。希奧弗拉斯特斯除了為我們寫出有史以來第一本生態學著作，還可以當之無愧地受封為「生態學」一詞的創始者。他用了希臘文 *oikeios*，這是 *oikos*（房屋）的形容詞形式，為十九世紀恩斯特・海克爾（Ernst Haeckel）創造「生態學」（Ökologie/ecology）一詞提供字根。海克爾深受古典文學的影響，勢必對希奧弗拉斯特斯的作品不陌生。

系統生態學

希奧弗拉斯特斯後的幾百年間，「以觀察累積成生態學此一學科」這件事，實在很難說有什麼進展。就我們所知，連自然史都變得和虛構傳說夾纏不清。最後直到十七世紀，約翰・雷（John Ray）擺脫了寓言和神話，運用他敏銳的觀察力來解釋自然的運作方式。他在一六六〇年發表的《劍橋周邊植物名錄》（*Catalogus plantarum circa Cantabrigiam nascentium*），記錄了五百五十八種植物的生育地（habitat，即物種居住的自然環境），包括酸沼、樹林、草地和河岸，也包含其生物特性的觀察。他解釋了歐洲白蠟樹（*Fraxinus excelsior*）的年輪與其年齡的關係，還有英國榆（*Ulmus procera*）的生長如何受到盛行風影響。他正確地判斷出油菜（*Brassica rapa*）和西洋油菜（*Brassica napus*）的關係相近，其根據是某一種毛毛蟲對許多作物都「不屑一顧」，卻對這兩種植物一視同仁。雷之後又發表了關於鳥類、魚類和昆蟲的研究。雖然他的著作內容並不完全符合現代生態學的定義，因為缺乏全面性的理論架構來支撐所有內容，但它們確實為直接觀察和推理論述的自然史，提供了堅實的基礎。

約翰．雷的著作直接影響了卡爾．林奈（Carl Linnaeus），林奈於一七三五年出版的《自然系統》（*Systema naturae*）引介了可為所有生物命名的二名法，這也是我們現今使用的系統。這個系統將物種分類到「屬」和「種」，並命名屬名和種名。譬如說，依分類學家的判斷，有十三種獨居蜂（solitary wasp）的相似度夠高，足以共同歸到捕蠅蜂屬（*Mellinus*）之下。其中一個物種林奈命名為

Mellinus arvensis，在英國相當普遍，不過也曾在遙遠的尼泊爾發現和鑑定。林奈這套放諸四海皆準的分類系統能清楚明確地為物種命名，因此後人才能精確而嚴謹地研究物種，及其交互作用與分布。

生態學從無到有的這條路上，一塊值得關注的里程碑是由「牧師博物學家」吉伯特・懷特（Gilbert White）立下的，他於一七八九年出版的著作《塞爾彭的自然史與古風遺俗》（*Natural History and Antiquities of Selborne*）非常重要。這本書是信件集，乍看是寫給其他博物學家的，不過實際上從未真正寄出，內容包括英格蘭南方塞爾彭教區的動植物自然史觀察。懷特的觀察入微、記錄詳盡，最重要的是在自然環境中實地體驗到的。懷特厲害到能依據鳴唱聲分辨三種外觀近乎完全相同的鳥種：嘰喳柳鶯、歐亞柳鶯和林柳鶯。他的《塞爾彭的自然史》收錄了幾百筆候鳥隨季節現身的日期紀錄，在當代氣候暖化，候鳥日益提早抵達的狀況下，懷特的這些紀錄提供了寶貴的資料作為比較基礎。懷特看出生物之間互相依存的關係，據他觀察，塞爾彭附近的大自然正是靠這種關係維持下去的。他描述授粉和種子傳播等生態過程，也注意到蚯蚓的重要，稱其為「自然鏈中一個微小而可鄙的環節，然而若此環節缺漏，將形成不幸的溝壑」。

洪堡德的自然分布圖

以現代定義而言，雷的手冊、林奈的分類系統或懷特的「信件」集，都不算是真正的生態學著作。他們的觀察確實以創新而明晰的目光詮釋了大自然，但是要說能以理論原則為指引，盡力對機制和樣態提出符合因果關係的解釋，這中間還有很大的落差。直到十八世紀末期出現全球科學探索的熱潮，才讓這件事有了雛型。當時許多由國家出資前往世界偏遠地區的遠征隊（其實經常是掛羊頭賣狗肉的殖民征服），以及身手不凡的獨立探險家，都藉由累積標本、觀察紀錄及觀點，推動西方科學的進展。回到歐洲，隨著返國的探險家與紙上談兵的理論學家打交道（或他們本身就轉型為這樣的角色），生態學從自然史獨立出來變成不同的科學，漸漸打下了基礎。

亞歷山大．馮．洪堡德（Alexander von Humboldt）是率先在其植物地理學著作中評估生物與其環境間關係的學者之一。他於一八〇七年出版的《植物地理學》（*Essai sur la géographie des plantes*）描述動植物的分布與氣溫、海拔、濕度和大氣壓力等自然條件的關係。在《植物地理學》的書末附了一大張拉頁：「安地斯山脈及鄰近區域的自然分布圖」，展示了太平洋沿岸低地，跨越安地斯山脈——尤其是欽博拉索火山（Chimborazo）——直到亞馬遜盆地邊緣這一塊南美洲區域的物種分布情形（見圖2）。洪堡德用這張圖確立了一個論點，不同植物物種各自占據涇渭分明的氣候帶。現在可以用生物地球物理（biogeophysical）條件的角度去調查和理解植物分布模式。

達爾文受到洪堡德的科學研究成果與冒險精神啟發，不過是地質學家查爾斯．萊爾引導年輕的達爾文產生矛盾思想，而那種矛盾正是達爾文革命性創見的核心關鍵。萊爾提供了一道從洪堡德連到達爾文的智識之橋，呈現出與吉伯特．

圖 2　洪堡德的「安地斯山脈及其鄰近區域的自然分布圖」

此為德文版，收錄在 1807 年出版的《植物地理學》中，是最早根據地理上的生物物理特性來描述物種分布模式的大量資料。（©RBG KEW）

懷特溫馨可愛的塞爾彭，或是洪堡德靜態的「自然分布圖」截然不同的自然觀。萊爾在一八三二年出版的《地質學原理》（*Principles of Geology*）第二卷中，強調生物間的掠食和競爭行為有多麼普遍，稱其為「生存鬥爭」——即使是「最卑微不起眼的物種，不論是動物或植物，都屠殺了成千上萬名同類」。萊爾自己是受到奧古斯丁·德堪多（Augustin de Candolle）的影響，德堪多曾在一八二〇年寫道：「任一特定區域的所有植物，都處於交戰狀態。」（Toutes les plantes d'un pays, toutes celle d'un lieu donné, sont dans un état de guerre.）丁尼生（Alfred Tennyson）在一八五〇年出版的詩作〈悼念〉（In Memoriam）中，將這種自然觀形容為「血紅的尖牙利爪」。現代生態學家經常忽略了萊爾在生態學方面的洞見，他早已設想到當前生態學研究的幾個熱門議題，包括多個營養層階（trophic cascade）在生物群落間交錯分布的情形。

達爾文也深受馬爾薩斯（Thomas Robert Malthus）一七九八年針對人口成長論述的影響。馬爾薩斯認為人口的爆炸性成長將快速耗盡資源，並引發個人間的競爭，此一論點正是達爾文天擇論的核心。

生態群落

博物學家開始認定動植物屬於明確的群落（community）。一八二五年，博物學家阿道夫・杜洛・德拉馬勒（Adolphe Dureau de la Malle）將一群同時生長的植物物種合稱為一個「societé」（社群）。就大規模的地理尺度而言，德堪多在他劃時代的未竟之作《植物自然系統初編》（*Prodromus Systematis Naturalis Regni Vegetabilis*）中，認為植物有特定的地理分布模式，並且是氣溫所致。弗拉迪米爾・柯本（Wladimir Köppen）將此想法應用於氣候分類上，明確地將季節性降雨和氣溫變化樣態，與植群型的關係相對應，例如熱帶雨林。

一八七七年，卡爾・莫比烏斯（Karl Möbius）描述基爾灣（Bay of Kiel）

一片牡蠣礁岩上不同生物之間交互作用的細節，他使用的詞是「生物群」（Biocoenosis），指的是植物和動物共存於特定時空並有所交互作用。恩斯特．海克爾了解達爾文想傳達的基本訊息，如果我們想評估生物演替的特性，就必須探討生物與其物理和生物環境之間錯綜複雜的連結網路。一八六六年，海克爾將生態學（*Oecologia*）和生物地理學兩個屬於演化學的分科結合起來，創造「生物分布學」（*Chorologie*）這個新名詞。一八六九年，海克爾在德國耶拿大學（University of Jena）的就職演說中，對原本藏在演化論思維中的生態學作了一番精采的定義：「所謂的生態學，我們指的是關於自然經濟的知識體系——要探查動物與其周圍無機和有機環境的完整關係……簡言之，生態學就是要研究達爾文所說『生存鬥爭』的環境中，所有複雜的關係與互動。」還要再過二十年，「生態學」一詞才會成為普及的專有名詞。直到一八八五年，它才首次出現在書名中——漢斯．海特（Hanns Reiter）的《試以外觀綜論植物之生態學》（*Die Consolidation der Physiognomik als versuch einer Oekologie der Gewaechse*）。

生態學大致上是敘述性研究，直到尤根・瓦爾明（Eugen Warming）開始思考乾旱、洪水、火災、鹽害和寒害霜凍等非生物因素，再加上植食動物對生物群落組成的影響。透過研究植物形態學，瓦爾明開始解釋物種如何適應其生長環境條件，以及為什麼一些生長在類似非生物條件棲地的物種，儘管毫無親緣關係，卻經常擁有相似的特徵。他觀察的範圍很廣，從祖國丹麥到挪威北部和格陵蘭島，還有巴西的塞拉多稀樹草原（cerrado）。瓦爾明於一八九五年出版的著作《植物群落：生態植物地理學的基本特徵》（*Plantesamfund-Grundtræk af den økologiske Plantegeografi*，一九〇九年出版英譯版《植物生態學》〔*Oecology of Plants*〕），對之後的英國與北美生態學家產生深遠影響，包括亞瑟・坦斯利（Arthur Tansley）、亨利・考爾斯（Henry Cowles）和費德瑞克・克萊蒙茨（Frederic Clements）。美國籍的考爾斯對根據瓦爾明書籍內容所作的演講實在太著迷了，甚至等不及譯本問世，便自學丹麥文去讀原文書。後來考爾斯自己在一九一一年出版的著作也聲名大噪，內容是關於印第安那州北部沙丘系統生態群落的連續發展（生態演替）。考爾斯向早年阿道夫・杜洛・德拉馬勒的相關作品致敬，也提到芬蘭植物學家拉格納．胡特（Ragnar Hult），他在一八八一年發表了第一份關於生態演替的綜合研究，發現早期拓殖的植物物種會構成一個「先驅」植物群落，這些群落再逐漸被當下數量較少的物種取代，最後形成更穩定的群落。

二十世紀上半葉，生態學思維由克萊蒙茨針對植物群落發展提出的「極盛相」（climax）理論主導。克萊蒙茨根據他對內布拉斯加州以及美國西部大草原植物的觀察，提出了「演替」的概念，在演替的過程中，植物群落會以可預測且方向一致的模式，經過幾個階段的發展，最後趨於一種穩定的「顛峰狀態」（極盛相），這會是最適合在當地環境生存的狀態。克萊蒙茨在一九一六年出版的《植物演替》（*Plant Succession*）中，主張某幾群物種總是會聚在一起。物種依賴著群體，群體也依賴著組成它的物種，很類似動物與牠的器官脣齒相依。克萊蒙茨將群落視為明確單位的思維，受到亨利．格里森（Henry Gleason）質疑，他將植物視為連續的整體，而非個別獨立的單位，至於其中若有什麼關聯性，則純屬巧合。他的「生物個體為基礎的生態學概念」，主要關心的是個別物種的特性決定了群落的結構，至於植物間的關聯，則遠沒有克萊蒙茨的理論說得那麼有結構、發揮那麼大作用。

雖然生物個體的觀點已成為現代生態學的主流，植群關係的敘述性分類仍然很有用。二十世紀上半葉，亞瑟・坦斯利等人支持執行全英國的植群調查，並繪製分布圖，此舉成為生態學研究的重要使命。到最後，這項任務確立了現今的英國國家植群分類系統（British National Vegetation Classification, NVC），此系統詳盡描述和分類十二大植群類型下兩百八十六個植物群落，從森林到草原、濕地、海岸植群以及石楠荒原。NVC提供了廣為接受的標準，能用來理解全英國各地植群間的關係，而且林業、農業和環境保護局等主管機關，以及其他政府與企業組織，都認可這個系統。現在許多國家都設置了國家植群分類系統，為生態學和生物多樣性研究、保育評估，以及生態系管理和復育的規畫提供基礎資訊。儘管生態群落本身複雜多變，這種實用的分類系統確實能作為一種共同語言，去解讀某一區域中的不同群落。

系統性思考

亞瑟・坦斯利跟隨克萊蒙茨與格里森的腳步，在一九三五年貢獻了可說是生態學發展的下一項重大概念性進展。瓦爾明的書點燃了坦斯利的熱情，促使他率領「英國植物調查及研究中央委員會」（Central Committee for the Survey and Study of British Vegetation）來協調全國的生態學研究。坦斯利與歐洲和美國的生態學家交流，包括瑞士的卡爾・施羅特（Carl Schröter）以及美國的亨利・考爾斯和費德瑞克・克萊蒙茨，開始讓生態學成為一門國際性學科。坦斯利的一大貢獻是生態系的概念。他在一九三五年一篇關於植物概念的知名論文中，主張不該分別看待生物和環境，而該同時將其視為「一個自然系統」，也就是一個「生態系」（ecosystem）。生態系將生物群落與自然環境結合起來，形成「可辨識、自給自足的實體」，照坦斯利所言，這種實體正是大自然的基本單位。據坦斯利推測，克萊蒙茨提出的互依互存的生物群落概念並不完整，因為沒有納入生物彼此之間及生物與其環境之間的能量與物質傳遞。坦斯利的影響力無遠弗屆，遠超出英國生態學界，不過他在英國的地位之所以特別崇高，也是因為他在一九一三年創立了第一個專業的生態學會——英國生態學會（British Ecological Society）——並擔任首屆主席。

生態系的概念一開始並不是很有吸引力。雷蒙・林德曼（Raymond Lindeman）發展此一概念，專注研究營養階層（trophic level）或生態系單位間的能量流動。他發現只有極小部分的生物能量從營養階層的某一層傳遞到下一層，生物攝入的能量有百分之九十都在呼吸作用或不完全的消化過程中逸失了。這項「百分之十法則」說明了查爾斯・艾爾頓所觀察到的，較高營養階層的生物其數量或生物量會減少的原因。無庸置疑，若非林德曼僅在二十七歲就英年早逝，他一定會繼續深究這些想法。

當保羅·理察茲（Paul Richards）在一九五二年主張「最好將土壤、植群、動物相、氣候和母岩視為單一系統的組成元素，那個系統就是生態系」，生態系的概念開始獲得更廣泛的關注。尤金·歐頓（Eugene Odum）和羅伯特·惠特克（Robert Whitaker）等其他生態學家，也認同生態系是基本的組成單位，其中包含互依互存的關係、食物鏈、自然機制和調節途徑。他們開始藉由各種超越個體或物種的特性來解讀生態系，例如能量流動、生產力、動態變化和干擾等。學者開始用數學模型來模擬生態系，也愈來愈常藉由操作實驗研究生態系，設法了解生態系過程與結果暗藏的因果關係。這些方法有助於將生態學由敘述性科學，轉為更偏向於預測性科學。

動物生態學與艾爾頓的生態棲位

儘管早期的生態學大多是研究植物物種和植群的分布與相關關係發展而

來，動物生態學倒算是另闢蹊徑。早期的動物生態學發展要歸功於查爾斯·艾爾頓。艾爾頓受到胞兄喬佛瑞（Geoffrey）啟發，而全心投入自然史研究。在二十世紀初期的工業之都曼徹斯特——他們的家鄉，大概不會有很多自然史資料可研究，但喬佛瑞和查爾斯很幸運，能跟著家人到伍斯特郡鄉村區的莫爾文希爾斯（Malvern Hills）度假。艾爾頓將兒時的嗜好轉變成生態學方面成果豐碩的事業，起點是在一九二一年調查隸屬於挪威的斯匹茲卑爾根島（Spitsbergen）上的動物。一九二三年北極探險之旅的返程途中，艾爾頓讀了挪威生物學家羅伯特·柯勒特（Robert Collett）的《挪威的哺乳動物》（*Norges Pattedyr*），書中寫到族群暴增、遷徙和旅鼠大規模溺斃的情形。艾爾頓認為族群量（population size）的劇烈波動是北極地區動物的特徵。這個想法與「族群量長久維持在一種平衡狀態」的普遍假設背道而馳。不僅如此，理解族群量為何波動，還有助於找出維繫族群穩定的機制。一九二五年，哈德遜灣公司（Hudson Bay Company）聘請艾爾頓研究雪鞋兔和加拿大猞猁的族群量波動，因為這會影響該公司的毛皮產量。從那之後，他針對猞猁和野兔數量波動的研究，就成為大學生態學的基本研究案例。

艾爾頓於一九二七年出版的《動物生態學》（*Animal Ecology*）奠定了這門學科。書中解釋動物族群和群落的結構和功能，都是由少數原則所主導的。這包括牠們在食物鏈中的配置狀況，並以「數量塔」（pyramid of numbers）呈現，即生物量較高的植物供養生物量較低的植食動物，植食動物又進而供養生物量更少的肉食動物（見圖3）。

《動物生態學》也介紹了「棲位」（niche）的概念，描述動物如何適應群落並受其限制，尤其是在食物來源和掠食者兩方面。在日常用語中，棲位類似於壁龕，是一個隱藏在建築物內或房間角落的小空間。窩在壁龕中能帶來安全感和舒適感。艾爾頓將此用語應用在生態學上，指的是某物種已充分適應、族群能在其中繁盛及繁殖的特定環境。艾爾頓將棲位描述為生物的生活模式，「類似人類社會中的行業、工作或專業領域」。

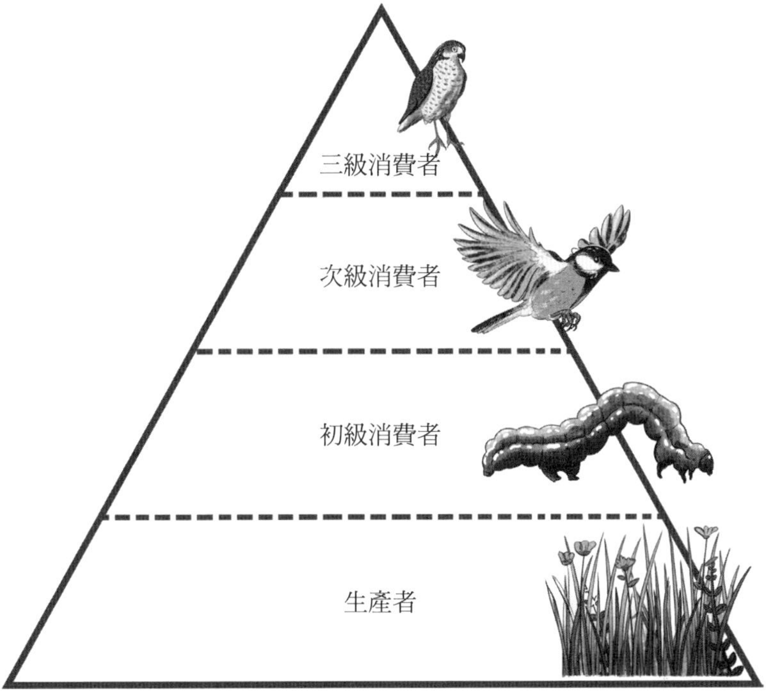

圖 3　營養塔（trophic pyramid）代表的是能量從植物（初級生產者，primary producer），逐層傳遞到植食動物和肉食動物。某一層可取得的能量，約有 10% 會傳遞到上一層，導致營養階層愈高、生物的個體數量或生物量就愈少。

艾爾頓堅信生態學是講究田野觀察的科學，他稱之為「科學的自然史」，認為仔細觀察棲地中的野生動物，便能發現自然的法則。透過觀察動物個體的食性，可以揭示族群量和動物群落結構的觀念架構，例如數量塔和生態棲位。《動物生態學》為研究動物群落提供了組織完善的結構，將發揮持久的影響力。

競爭與共存

一八八九年，艾蜜莉．威廉森（Emily Williamson）創立了英國皇家鳥類保護協會（Royal Society for the Protection of Birds, RSPB），希望遏止當時因流行羽飾帽而獵殺鳥類的風氣。RSPB 迎來賞鳥盛行的時代，而北美洲的奧杜邦學會（Audubon Society）的壯大也與此呼應。在如過江之鯽的賞鳥愛好者中，有位羅伯特．麥克阿瑟（Robert MacArthur）除了賞鳥之外，恰好也是優秀的生態學家。他於一九五七年發表的博士論文，論及北美雲杉林中，五種蟲食林鶯的覓食行為差異。為理解牠們為什麼採取這樣的行為策略，以及在生態學上為什麼重要，我們必須先岔題，看看比這更早的二十年前，俄羅斯生物學家尤吉・高思（Georgy Gause）所進行的一項經典生態學實驗。

一九三二年，高思發表了〈掙扎求生的試驗研究〉（Experimental Studies on the Struggle for Existence）。這篇標題很堂皇的論文陳述了一連串小而美的實驗，高思在實驗過程中監控了兩種親緣關係相近的草履蟲族群，草履蟲是以細菌和酵母菌為食的單細胞生物。各自置於相同生存環境的獨立容器時，這兩種草履蟲都活得很好。然而若是把牠們放在一起，其中一種的數量會迅速壓過對方，最後數量減少的一方將被抹除殆盡。高思用實驗展示出，需要相同有限資源的兩個物種無法共存：較優勢的競爭者會排除對方，日後這個概念稱為「競爭排斥原理」（competitive exclusion principle）。這項原理更早時已有先例。一九〇四年，喬瑟夫・格林內爾（Joseph Grinnell）描述，兩個物種在生產力方面的特徵，勢必有所差異，彼此才能共存。然而，經由高思的實驗證實後，才將這個概念扎實地嵌入生態學的主流。

為了共存，必須避免競爭。高思換了一組草履蟲來重複實驗。這一次，兩個物種都活下來了。仔細觀察後發現，其中一種草履蟲比較喜歡吃懸浮在培養基中的細菌，另一種則喜歡吃沉在試管底部的酵母菌。這兩種草履蟲藉由專攻不同資源，或是發展不同取得資源的策略，成功避免競爭，並且在相同棲地共存。

回頭來看麥克阿瑟研究的五種林鶯，似乎不符合「競爭排斥原理」的預測。在繁殖季，這些極度相似的鳥類在雲杉林裡共同生活，以同樣昆蟲為食。麥克阿瑟在孜孜矻矻觀察下，發現這五種鳥分別選擇樹冠的不同位置覓食，且採取不同的獵食行為，導致不同的獵物選擇（見圖4）。藉由區分覓食的地點和方式，五種鳥分化了覓食棲位，如此讓牠們將競爭程度降到最低，而得以共存。

觀察海岸的濱鳥也能呈現另一個棲位分化的案例，數種鳥類運用不同的覓食策略，在海岸不同區域鎖定不同種類的獵物。鴴類在灘地表面來回奔跑，啄食小

栗頰林鶯	黑喉綠林鶯	黃腰白喉林鶯	栗胸林鶯	橙胸林鶯
Cape May Warbler	Black-throated Green Warbler	Yellow-rumped Warbler	Bay-breasted Warbler	Blackburnian Warbler

圖 4　在北美洲緬因州的白雲杉林中，五種林鶯的資源分配狀況。上圖標示各鳥種覓食最頻繁的位置。（來源：After S. S. Mader, *Biology: Florida Advanced Placement edition* [2004]. By permission of McGraw-Hill）

型節肢動物；翻石鷸則掀開貝殼、在海藻間挑揀甲殼類動物。地勢更低的岸邊，長嘴杓鷸戳找著躲在洞裡的蝦蟹；鳥喙粗實的蠣鷸則在潮線處撬開蛤蜊和貽貝。在這兩群之間的區域，濱鷸會撿食因潮水退去而困在沙裡的小蟲和節肢動物。像這樣避免競爭，共存就可能實現。

伊夫林．哈欽森（Evelyn Hutchinson）於一九五七年發表〈結語〉（Concluding Remarks），這或許是生態學有史以來標題最令人霧裡看花的一篇論文；此篇論文將物種的生態棲位（ecological niche）正式定義為多維度的「參數空間」，例如水資源、溫度或光照都各是眾多棲位維度之一，所有維度綜合起來，便能定義出物種適合在哪裡生活、成長和繁殖。掠食者和競爭者會阻礙物種占用整個環境中的棲位空間，物種可能也無法完整利用潛在的地理棲位空間，因為牠們無法播遷和拓殖到所有適合居住的區域。哈欽森以此為基礎，將生態棲位分為「基礎棲位」（fundamental niche）和「實際棲位」（realized niche）。前者指的是特定物種能生存的完整棲位空間，而後者則是指該物種實際生存的更縮限範圍，縮限的原因包括競爭者和掠食者的威脅，以及播遷時的不確定因素。

生態學家要求以實驗證明所觀察到的行為確實符合解釋性理論。其中一項相當優秀的棲位研究，要歸功於一位「蘇格蘭房東普蘭特太太，其提供的優渥住宿條件」讓一九五〇年代年輕的美國生態學家約瑟夫．康奈爾（Joseph Connell）能延長行程，在克萊德灣（Firth of Clyde）的大坎布雷島（Isle of Cumbrae）上住得更久一點（顯然她美味的湯也有助於抵禦蘇格蘭的惡劣天候）。康奈爾在加州柏克萊（Berkeley）的山丘間花了兩年時間想抓兔子卻一無所獲，發誓再也不研究比他拇指體積大的生物，所以他轉而研究藤壺。他在大坎布雷島上注意到岸邊常見的兩種藤壺中，大型的半藤壺（*Semibalanus*）會分布在海岸低處，而體型較小的小藤壺（*Chthamalus*）則只集中在潮間帶較高處，因為那裡經常退潮而曝露在外。康奈爾進行了實驗，將半藤壺移除，發現其實小藤壺的幼蟲在海岸低處能長得更好。不過通常半藤壺會以悶壓或掏空根基的方式趕走小藤壺。而小藤壺能在海岸較高處生存，是因為半藤壺無法承受退潮時，海岸長時間露出水面的狀態。康奈爾的研究成果極具開創性，因為他透過田野試驗呈現物種的棲位同時受到生物與非生物因素的限制。

自然的平衡？

生物世界的組織顯然自有一股穩定或秩序存在，這種想法可以追溯到希羅多德以及更早的東方哲學思想。表面上看來，自然界確實也可說是處於平衡狀態。族群量雖然會波動，但長期來看是穩定的。即使遭遇週期性的干擾，生態系似乎仍然能維持下去，並且展現其韌性，彷彿內建著干擾後又能復原的傾向。儘管自然的平衡被賦予神話與文化意義，而且在一般人眼中，生態系似乎也相當穩定，現代的生態學這門學科仍需要經驗證據，這種經驗證據必須是由生態學理論架構所引導，反之也對理論架構的發展有所貢獻。

查爾斯・艾爾頓於一九五八年出版的著作《動植物入侵生態學》（*The Ecology of Invasions by Animals and Plants*），主張單純的群落不如複雜的群落來得穩定。為了支持這個想法，他提出蟲害大多在單純的農業系統中爆發，而不是在更複雜的自然系統中出現；亦或較常在單純的溫帶森林中發生，而非物種豐富且複雜的熱帶森林。雖然從那之後，生態穩定度與生態系複雜度的關係就廣受辯論，不過在艾爾頓為生態學作出的諸多貢獻中，持久不墜的是，將許多物種的交互作用放在廣泛時空尺度中，以群落為導向的想法。

艾爾頓在一九五〇年代寫作的同時，羅伯特・麥克阿瑟對穩定度的詮釋是物種族群量彼此交互消長的關係。他主張，所謂的穩定，就是在一個群落當中，其他物種的族群量都在波動時，某物種的族群量仍保持穩定。這種情況最有可能發生在物種與許多其他物種互動時，例如當一個掠食者捕食許多獵物物種，使得某一物種的族群量大幅下降，對其他的物種影響不大。在假設的食物網中，大量且微弱的互動似乎有助於族群穩定波動，但真實的食物網具有許多其他特徵，這些特徵似乎使明確的「複雜與穩定關係」（complexity-stability relationships）變得更複雜。

到了二十世紀中葉，生態學思維開始圍繞著三大領域而整合，這三大領域都與物種、群落和生態系顯而易見的穩定性和持久性有所關聯。第一個領域嘗試了解自然的族群如何受到調節。第二個領域致力於理解群落如何組織起來，尤其是演替過程、食物網和物種間的交互作用。第三個領域探討能量如何跨越營養階層或生態系的邊界。這些主題提供了粗略的學科綱要，不過生態學很快就開枝散葉，發展出許多專業領域，有的專注於基礎的生態過程和穩定性本質的理解，其他領域則強調這些過程如何有助於保育、永續未來以及人類福祉。

一九七〇年代，羅伯特・梅（Robert May）將非線性數學模型和決定性混沌（deterministic chaos）的概念套用在生態學上，以對付棘手的問題——生態本質上的複雜度和穩定性——其呈現的結果與一般直覺相反，複雜生態系的穩定程度，可能比起單純生態系更低。雖然複雜性與穩定性的辯論仍未解決，非線性概念和模型現在已成為生態學思維的核心，並將對穩定性本質的探究，與我們息息相關的永續未來議題聯繫起來。生態學家警告，當自然系統因環境變化或人類行為導致的生物多樣性流失，而形態與功能經歷突然和劇烈的變化時，會出現閾值和臨界點。至少在可預測的程度上，理解臨界點的底層驅動因素和原因，是生態學目前最主要的挑戰之一。

第三章

族群

旅鼠大爆發

據說旅鼠是會集體自殺的動物。這種生活在極地凍原的小型齧齒動物，每隔兩三年數量就會暴增，卻又往往在幾個月內就直線下墜（見圖5）。當生活條件對牠們有利時，旅鼠不到兩個月大就能達到性成熟，而且多數雌鼠能在夏季生育好幾次，每一次最多可生下六隻幼鼠。這種非凡的繁殖力，難怪能造就一飛沖天的數量成長。此時，包括鼬、雪鴞和北極狐等掠食者也會快速增加，但沒快到足以遏制旅鼠的數量。最終使旅鼠數量陡降的原因不是遭到獵食，而是食物耗竭。缺乏食物時，往往會使旅鼠大規模遷徙，去尋找更理想的草生地，而遷徙過程中死亡率很高，使牠們獲得自殺的名聲。然而，與其說是自殺，不如說旅鼠是缺乏遠見。

族群量會大起大落循環的並不只有旅鼠而已。所有熟悉園藝工作的人，必定都注意到了蚜蟲和田鼠會突然出現，讓你數個月的心血毀於一旦。非洲沙漠飛蝗

圖 5 （a）旅鼠。（b）挪威芬瑟（Finse）的旅鼠以及芬蘭基爾皮斯耶爾維（Kilpisjärvi）的田鼠的族群量變化，顯示大發生（outbreak）事件及後續的族群崩解。（來源：[a]Frank Fichtmueller/Shutterstock.com [b]P. Turchin et al., 'Are lemmings prey or predators?', *Nature* volume 405, pp. 562–5 [2000]. Reprinted by permission from Springer Nature）

大軍突然席捲而來，是《聖經》中有名的故事（見專欄1），並且可能對經濟和人類造成嚴重危害。與此類似，亞洲的鼠患每年造成的稻作損失，換算起來可以供養約兩億人。

【專欄1：蝗災】

沙漠飛蝗分布於茅利塔尼亞至印度，通常數量很少。然而若是遇上豐沛的降雨及隨後長出的新鮮植物，牠們就會快速增加。在兩到三個月內，就會形成一大群年輕無翅的若蟲和有翅的成蟲，占據的範圍經常可達五千平方公里左右。如果持續降雨，蝗蟲會移入鄰近有新鮮植物的區域，以倍數連續繁殖好幾代。這樣龐大數量成長所形成的群體，會吞噬掉整片區域。在天時地利之下，蝗災就發生了。蝗災時，每平方公里可能多達一億五千萬隻蝗蟲，而一平方公里的蝗災在一天之內就能吃掉三萬五千人份的糧食。

> 儘管蝗蟲數量激增是常有的事，其實很少會猛烈成長，達到蝗災程度又更稀少。容許這種極端數量成長的條件，是在廣大區域內可持續獲得新鮮食物，而這必須仰賴充沛的雨水。東非二〇一九年末的豪雨導致二〇二〇年一月出現一大群蝗蟲，摧毀了索馬利亞、衣索比亞和肯亞的農作物。我於二〇二〇年一月底寫下這些文字的此刻，有些人正憂慮三月份的季節性降雨會使該區域大部分地區又長出新的植物。這可能使得繁殖速度飛快的蝗蟲，在六月較乾燥的天氣抑制牠們擴散之前，增加五百倍之多。在二〇二〇年之前，前一場大型蝗災發生在一九八七年至一九八九年，後來二〇〇三年至二〇〇五年還有一次蝗蟲數量暴增，影響了整個薩赫爾地區（Sahel），從塞內加爾和茅利塔尼亞一直到紅海。

天氣和食物都是族群量爆發的原因。充沛的降雨會驅使植物生長和生產種子，旅鼠、蝗蟲或小型鼠類的數量都會因此而增加。溫和的冬天以及暖和的春天也幫了一把，因為冬季的死亡率會下降，讓族群量從繁殖季就居高不下。在加州、夏威夷、澳洲等不同地點，小型鼠類的數量爆發都是相同原因所致。溫和的冬天也造成大量小蠹蟲爆發，牠們目前正破壞遼闊的北美森林。

數量爆發的物種有個特徵，即牠們的「固有成長率」（intrinsic growth rate〔r〕）非常高；固有成長率指的是某物種有潛力達到的自然增加速率。這類物種典型的特徵包括：很早繁殖、繁殖頻率高、每次能產下的子代多。實際的數量成長率往往比固有成長率要低得多，因為大部分的年輕個體在性成熟前就夭折了。但如果環境條件有利，偶爾也確實如此，那麼許多子代就能存活下來並繁殖。接下來就是數量快速成長，形成族群大發生（outbreak）。很快讓資源供不應求，倏忽之間，那些個體又死光了。所以我們並沒有被旅鼠淹沒。

掠食者控制

另一種小型極地齧齒動物田鼠，其數量循環的特徵是緩緩上升，達到高峰後維持很久，下降時也比旅鼠來得逐步遞減（見圖 5-b）。在高峰期的時候，雌田鼠的性成熟速度較慢，繁殖率也下降。田鼠吃的是快速生長的禾草，食物比較不虞匱乏。旅鼠的悲劇是將食物來源耗盡，田鼠則因為繁殖率較低，而能將數量高峰期延續到好幾年之久。最終是掠食者數量增加導致田鼠數量減少。奧爾多・李奧帕德在一九四九年出版的《沙郡年紀》（*A Sand County Almanac*）中，生動地形容，若是將地景上的狼全都消滅，就像是交給「上帝嶄新的園藝剪，然後不准祂做別的事」。他的論點是，狼群消失後，鹿的數量會增加到某個程度，所有灌木和幼苗被吃到「先是半死不活，然後是無一倖免」。野生動物管理員運用這個論點來捍衛狼、猞猁、山獅和其他大型肉食動物的必要性，以控制植食動物的數量，對生態系帶來更廣泛的惠益（見專欄2）。

【專欄2：恐懼的地景】

對我們這些習慣安全祥和環境的人而言，與野生的狼或熊來個不期而遇，肯定會激發一股原始的恐懼。於是接下來我們在野外行動會更為謹慎，時時都全神貫注留意著周遭的狀況。獵物時常都懷著不安，與掠食者共處在相同空間，牠們的心情大概就像上面所述。在掠食者環伺之下，植食動物會更警戒和緊張。掠食者的足跡、氣味、吼叫和偶爾被瞥見的身影，都為獵物創造出不斷的警戒狀態。獵物腦中形成一幅「恐懼的地景」，以風險和安全的相對程度區分棲地和位置。

這幅恐懼的地景，僅僅因可能有掠食者存在就能創造出來。就生態學而言，可能比直接的獵食行為更具意義。絕跡六十年後，一九九五年美國黃石國家公園重新引入狼群，定居該地的紅鹿數量便直線下滑。下滑的程度遠超出獵食這單一因素的極限。原來紅鹿花了更多時間移動，覓食時間相對減少，只能養育三分之一的後代。在那之後，黃石國家公園內的柳樹和楊樹就變多了，因為能免於紅鹿的啃食，而這些起死回生的樹也是河狸愛吃的食物，所以河狸數量也跟著增加。

關於黃石國家公園生態系的各種變化，多大程度能歸因於狼群回歸，都未有定論。在加拿大卑詩省海灣群島（Gulf Islands）的岩石海岸上，實施的恐懼地景研究成果則較為明確。研究人員運用擴音設備，讓浣熊身處於犬吠聲（狗會獵殺浣熊）或是海豹叫聲（海豹不會獵殺浣熊）之中。聽到狗叫聲時，浣熊變得較為警戒，減少沿著海岸覓食的時間。於是海岸處潮池內的魚類、蠕蟲和螃蟹等生物量便顯著增加。

不過，要判定是掠食者在控制獵物數量，抑或受到其他因素控制的獵物數量，反過來調節著掠食者數量，其實相當困難。從哈德遜灣公司提供的毛皮紀錄，整理出的代表性資料集，展現出雪鞋兔和掠食者加拿大猞猁之間週期性的變動關係（見圖6）。多年來，學者都認為野兔受到猞猁獵食，能抑制其過多的數量，而這又會反過來減少猞猁的數量。猞猁變少後，野兔遭到獵食的壓力減輕了，因此又能繁殖興旺。再進一步使猞猁的數量增加，於是啟動新循環。然而，在一些沒有猞猁的島上，雪鞋兔的數量仍然會依循類似的十年週期循環。目前看起來，更大的可能是，大量野兔將食用的植物消耗殆盡，週期性的數量崩潰就會發生。在數量直線下跌後，植物慢慢長回來，於是野兔又增加。猞猁的數量可能只是跟著野兔數量變動而已。

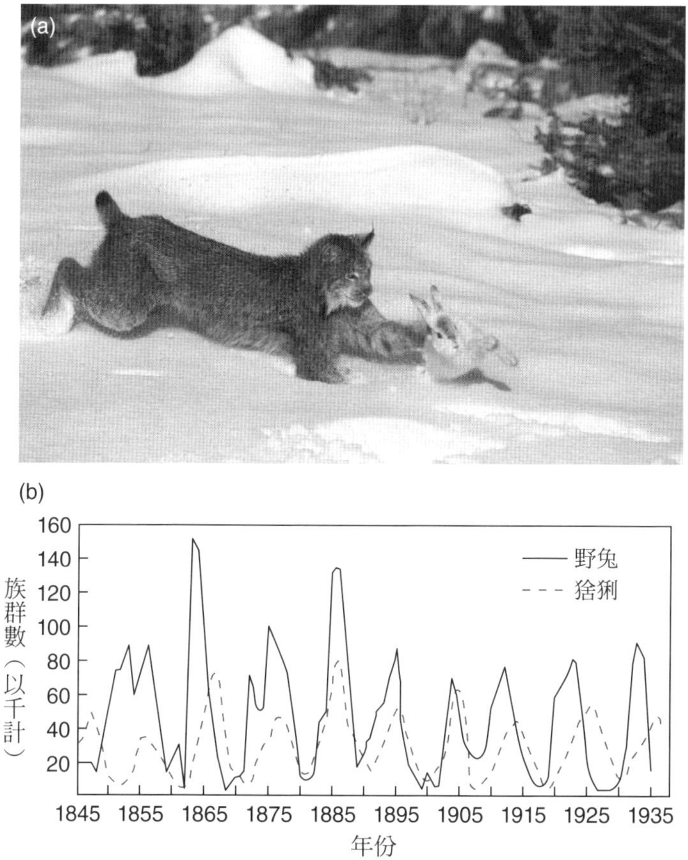

圖 6（a）加拿大猞猁和雪鞋兔。（b）根據供應給哈德遜灣公司的毛皮數據，統計出在一百年期間，雪鞋兔與加拿大猞猁的族群量週期。（來源：[a]Tom and Pat Neeson [b]K. J. Åström and R. M. Murray, *Feedback Systems: An Introduction for Scientists and Engineers*. Princeton University Press, 2008 [after MacLulich, 1937]）

競爭性調控

多數物種與旅鼠、田鼠和野兔不同，牠們會維持相對穩定的族群，儘管本質上擁有倍數成長的能力也不例外。一九五四年，英國生態學家及演化生物學家大衛・拉克（David Lack）如此描述：「大部分野生動物的數量都在一定範圍內不規律地波動，與牠們實際上最高的成長率相比，那個範圍極度狹窄。」沒有幾個物種的固有成長率能像旅鼠和田鼠那樣高，因此任何數量變化都會逐漸變化。掠食者也會發揮控制族群量的功能，不過更普遍的控制機制是「競爭」。

當必要的資源無法滿足族群中所有個體時，競爭就會發生。隨著族群成長，個體密度也會增加。個體密度低的時候，資源很豐富，個體的繁殖率和存活率都很高。理論上，族群成長率可以達到每個個體成長率的最大值，即固有成長率。然而密度增加後，每個個體能獲得的平均資源減少，於是個體為了有限的資源互相競爭。敗下陣來的生物將留下較少的子代，或是很早死去，這會減緩族群成長的速度。到最後，可得的資源可能極為稀少，以致於整個族群的死亡率高於出生率，因此族群量開始下降。每個個體能取得的資源，透過密度依變（density-dependent）的競爭，成為調節族群量的實際因素。

互相競爭的個體並不需要直接接觸。某一個體取用了有限資源，便會剝奪其他個體取得的機會，即使這些生物素未謀面也是如此。與此類似，某株植物可能耗盡土壤中的養分，而對鄰近的植物造成傷害。話雖如此，生物仍經常在競爭場地中直接廝殺。有些動物會捍衛專屬領域，積極地趕走競爭者，不讓其靠近資源。很多鳥類、哺乳類動物、魚類，甚至是昆蟲，都會捍衛領域，確保只有自己能靠近窩巢、獵食區或配偶個體。捍衛領域有時要付出高昂代價，必須時時消耗能量保持警戒，還可能受傷或死亡。因此動物只在資源極度稀缺時，才會占領及捍衛領域，因為，保護隨處可得的資源根本就沒有意義。

r和K策略

密度依變過程傾向於將族群量控制在出生率等於死亡率的平衡點附近。這個平衡點是環境的承載量（carrying capacity〔K〕），指的是供應可得資源的情況下，這個環境能養活的族群量。生物在利用可得資源時，數量會朝K的方向增加，但超過K之後便會減少，因為那時資源變得有限，無法供養族群中的所有個體。因此族群量會在環境承載量附近搖擺不定（見圖7）。固有成長率r很高的物種，擺盪的幅度經常很大，因為牠們往往大幅超過K之後，又承受雪崩式的數量下滑。r值低的族群成長較慢，曲線跟K貼得比較近。環境承載量本身也可能隨著環境條件而變動。

生態學家根據族群固有成長率r以及環境承載量K，設想出兩大類生活史（life-history）策略。r型擇汰物種很早就開始繁殖，產下很多子代，族群成長快速。旅鼠就是r型策略者，許多種庭園雜草也都是。當資源充沛時，牠們活得

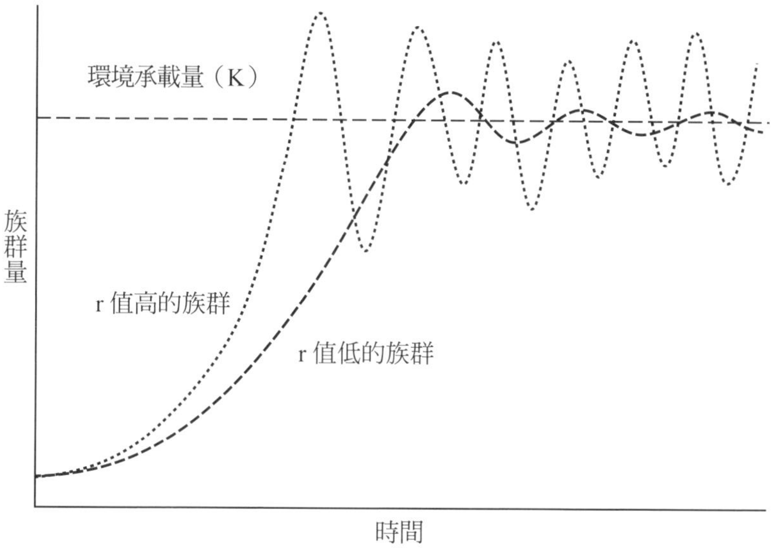

圖 7　族群成長的理想模擬圖

理想條件下，族群成長和擺盪幅度圍繞著環境承載量的示意圖。固有成長率（r）高的物種，特徵是數量暴起暴落，稱為 r 型擇汰物種（r-selected species）。r 值低的物種成長曲線更貼近 K，族群量的波動要小得多，稱為 K 型擇汰物種（K-selected species）。

好極了。資源通常都封存在生物量內，或是由競爭力強的物種優先取得，因此r型擇汰物種往往仰賴干擾讓資源再次成為可得之物。干擾的形式很多，可能是倒塌的樹，在濃密森林中製造出孔隙，讓陽光能照耀在陰暗的下層植被上；或是一場火，將封存在植物裡的養分送回土壤內。突然間滿坑滿谷的陽光、養分和其他資源，讓繁殖率超快的r型擇汰物種能一邊利用充沛資源，一邊占領新領域。隨著資源減少，r型擇汰物種漸漸被其他物種取代，因為其他物種更擅長取得變得稀缺的資源。

K型擇汰物種占據環境波動較少、干擾也較少的棲地。大型哺乳動物、許多鳥類及森林樹種都是K型策略者。這些物種的壽命往往較長，使其有餘裕將繁殖延後到體型長得更大、具備更穩固競爭力的生命階段。這些物種的子代相對也較少，不過往往具備更好的條件（例如很大的種子），或是能獲得親代更長期的照顧，因此與r型擇汰物種相較之下，K型擇汰物種的子代存活率很高。一般而言，K型擇汰物種的族群量會接近環境承載量，若沒有大型干擾，其數量會維持在相當穩定的狀態。

族群固有成長率和環境承載量有很直接且實際的重要性：可用來量化保育議題中的滅絕風險、製作商業捕魚的模型，或是評估害蟲入侵的可能成長率。就實務上而言，要具體說明特定環境中物種的成長率和環境承載量，或是預測族群量恢復的模式，都相當困難，這是因為資源會波動，族群量受到與其他物種競爭的影響，再加上掠食行為，以及氣候和干擾等力量，都會在不同的時空尺度上不規律地影響族群量。

決定性混沌

當固有成長率極高時，我們便進到混沌動態（chaotic dynamics）的領域了。這種動態的特徵是，族群量會大幅不規則波動。即使主要由固有成長率所衍生而來的族群成長模型，作為混沌族群動態的基礎資訊已經相當單純而明確，仍無法針對這種動態作出長期預測。混沌系統對最初的環境條件非常敏感，而族群規模或甚至固有成長率估計值的些微差異，都會被放大，而造成南轅北轍的結果。

由決定性過程驅動的混沌族群動態，一開始在一九七〇年代和一九八〇年代引起了很多理論學家的興趣，因為當時出現幾項單純的族群動態公式，足以解釋看似複雜的動態。要預測混沌的動態仍是不可能的任務，然而光是知道族群數量波動是決定性的（而非真的隨機），即表示有潛藏的機制存在，而了解這一點，對生態過程就又能有更深的掌握。實驗室內的操作型研究能針對甲蟲和浮游生物等族群量的混沌動態提供經驗證據，看起來混沌理論或許能作為許多生態樣態的解釋。

然而，當發現到在嚴格控制的實驗室條件之外，很難建立確定性過程與生態動態的關聯時，人們的研究熱忱便迅速消退。首先，隨機的「環境干擾」如天氣變化、乾旱或颶風，屢屢影響族群增長，在理論和實驗室研究中，這些偶發事件大多被排除在外。此外，理論確定性過程的吸引力在於其「低維度」，也就是再現族群動態所需的參數數量有限。然而，大多數生態群落包括多個物種的族群，大部分交互作用較弱，一些交互作用則較強。物種間的競爭和掠食等交互作用，往往會抑制族群波動，因而限制了混沌行為出現。因此，在大自然的系統中，最有可能出現混沌動態的候選者，是那些物種與資源交互作用密切、且受其他競爭者或掠食者影響較小的物種。例如旅鼠。

紐西蘭的潮池是自然界混沌多物種族群動態的有趣例子。在這些潮池中，藤壺拓殖到裸露的岩石表面上。隨著牠們成長，會製造適合殼狀珊瑚藻和貽貝殖居的條件。貽貝到後來會悶死最底下的藤壺，死去的藤壺及壓在上頭的貽貝墊，很容易從岩石脫離，讓岩石表面再度裸露。從裸岩，到藤壺、珊瑚藻、貽貝，然後再回到裸岩的循環，是支撐三個物種永續生存的決定性過程，但三者中誰都無法讓族群量穩定下來。模型顯示，若是抽掉季節天氣影響，這樣的系統很可能會趨於穩定且可預測，讓三個物種共存。事實上，這個系統之所以讓人難以預測，是因為溫暖的夏季使得貽貝和殼狀珊瑚藻死亡率高，因而讓各物種數量出現混沌的波動。在這個例子中，季節性天氣有差別地影響了其中兩種物種的存活率，造成混沌的決定性結果。

生活史取捨

r型和K型二分法，將各種動植物展現的多樣策略簡化。這些策略反映在物種的各種特徵上，包括孕期長短、性成熟的年齡、產下幼體的體型、繁殖頻率，以及壽命上限。這些特性綜合起來，呈現出某個物種主要的族群統計學面向，或稱為牠的「生活史」（life history）。如前所述，許多「機會主義」（opportunistic）的物種會在有利的時期採取行動，很早開始且大量繁殖，導致其數量快速增加。其他物種則緩慢成長，每次只產下少數子代。我們可能會預期，繁殖旺盛的物種會迅速超越並取代較為保守的物種。但這種情況並沒有發生，主要原因有二。我們已經討論過其中一種狀況：繁殖旺盛的物種會迅速耗盡其資源，而密度依變的特性會在過程中限制其繁殖和生存。

另一個因素是繁殖的成本，或者說得更精確一點，是成長、生存與繁殖之間的取捨。所謂的「取捨」是一場零和賽局，也可說是兩項特性直截了當地呈現負相關，只要一項特性增加，另外那一項必然就會減少。在資源有限的前提下，繁殖子代時投注愈多資源，能用來成長的資源就愈少。橡樹或山毛櫸等溫帶樹種，在大量生產種子的那幾年，年輪寬度特別窄，就能證明這一點。與此類似，鯊魚等延遲繁殖年齡的魚類，能相對快速長到很大的體型，因為資源主要都用在成長上了。經驗老到的園丁都知道，將多年生植物頂端快要成熟的種子修剪掉，有助於那株植物在隔年春天存活、成長和開花。

生活史取捨的例子多不勝數，另一個例子是用繁殖子代與子代的存活率兩相權衡。在每個子代身上投注大量資源，不論是孕期長度、食物或親代的照顧，都能增加其活到性成熟的機會，相對而言卻會壓縮到能養育的子代總數。蘭花的每個蒴果中能孕育多達三百萬顆像塵埃一樣小的種子，卻未分配任何食物資源給它們，因此要仰賴種子牢牢攀住一種特殊真菌，讓真菌餵養幼苗，它們才能存活。這些種子大部分都會失敗，迅速死亡。對比之下，海椰子的種子是全世界最大的，最重的大約有十五公斤。這些頭好壯壯的種子會花好幾個月發芽生長，過程中純粹只取用種子本身的資源就夠了，而它的母樹每年只生產一顆種子。

其他策略則將資源按不同比例分配給成長、養育及繁殖，以適應環境條件。在同物種內的不同個體之間，也看得到這類取捨情形。對很多物種而言，繁殖和成長的權衡決定了其體型大小，而體型又間接決定了存活率。孔雀魚是許多水族愛好者很熟悉的小型魚類，牠們會根據自己面對何種掠食者而發展出不同的分配策略。在孔雀魚的原生地千里達，有些溪流裡會有以大型孔雀魚為食的慈鯛，其他溪流則有吃小型孔雀魚的鱂魚。在慈鯛稱霸的溪流裡，孔雀魚將資源放在提早繁殖，因此體型尚小時便生兒育女。而在鱂魚主宰的溪流裡，孔雀魚則延遲繁殖，將資源優先分配給成長，讓自己更快長到更大的體型，藉此降低鱂魚帶來的死亡威脅。

功能性狀

功能性狀指的是生物的生理機能（代謝率、耐寒力或光合作用率）、形態學（鳥喙大小、體重、葉面積或木材密度）或行為（覓食或迴避掠食者策略）等方面，會影響生物的表現或適存度（fitness）。功能性狀與生活史策略息息相關，若非特性上有所改良，就是形態或生理上有所取捨。一棵年輕的樹可能會將大部分資源分配給屬於生活史策略的「成長」，而代價就是沒那麼多資源可用在功能性狀「防衛」，亦即保護自己不受植食動物啃食。當資源充足時，這樣的策略是成功的，因為犧牲在植食動物之口的任何組織都能有效而快速補回。在不太有利的棲地中，例如光合作用需要的光線稀缺的森林底層，採用這種策略的植物不太可能存活很久，因為在低光條件下，替換損傷組織的速度非常慢。

功能性狀會影響物種拓殖或在某個棲地壯大的能力，以及在面對環境變化時得以續存的韌性。它們也會影響生態系的性質。在土壤肥力低或降雨量少的棲息地中，植物傾向於擁有相對表面積較小但厚重的葉片，以減少水分流失並提高養分利用效率。這樣的葉片分解得較慢，導致這些群落中的養分循環速度也較慢。在水域環境中，掠食壓力促使浮游生物的體型變得更大，以獲得一定程度的保護，但較大的體型會增加死後浮游生物的沉降速度，從而加快養分向沉積物的轉移速度，這會影響生物地球化學循環。在大尺度上，功能性狀對生態系的效應，對人類社會具有重要的影響。因為我們依賴養分和生物地球化學循環來補充土壤肥力和海洋漁業，或吸存和固定大氣中的碳。

播遷

我們已經討論過，族群動態是出生和死亡的結果——由內在的密度依變過程所調節。族群動態也受到其他因素影響，包括族群在整個地景的空間分布，以及個體跨越地景的播遷行為，還有從一個族群播遷到另一個族群的行為。如果某個族群占據了一塊安全而有利的棲地，該族群的個體似乎不會有動機向外播遷。因此這促使學者思考播遷這行為究竟為何會出現，而且為何幾乎所有物種都具備播遷策略。

單就機率而言，表示長期下來，任何離群索居的族群都會因環境變化或干擾而滅絕。播遷容許個體拓殖他處，藉此降低整個族群滅絕的風險。播遷也能夠使先前族群滅絕（extirpated）的區域，重新由新族群拓殖。

若是撇除任何環境變化的影響，占據有限區塊的成長中族群會隨著資源消耗，而愈來愈受密度依變的競爭控制。此時播遷是跳脫密度依變束縛的方式。向外遷移不只能提高遷出者的存活率（假設密度依變的成本大於播遷成本），也會降低原棲地的族群密度，因而提高個體的繁殖率。例如，如果田鼠的部分族群播遷，讓原本的族群量縮減，牠們的繁殖率就會提高。因此無論短期或長期，天擇都將播遷當作對個體（並延伸至族群）有利的策略。

個體也能藉由播遷，逃離在大族群中變得普遍的病蟲害與傳染病。例如在巴黎，粉蝶科的蝴蝶拓殖到市中心的幾塊獨立棲地區塊，但是以蝴蝶幼蟲為食的寄生蜂無法從巴黎郊區抵達這些市中心的棲地（見圖8）。與此類似，熱帶樹木的幼苗經常要將種子成功播遷到遠離母樹的位置，才能成功存活，因為母樹附近有大量病原體和植食動物。

關聯族群

整片的地景可視為包含多個特性各異、互不相連的棲地區塊，有的區塊只能供養小族群，這樣的族群有局部滅絕的危險。來自優質棲地的遷入者能延長邊緣族群的存活年限。優質的「源」（source）區塊能供養大族群，那樣的區塊只出

圖 8　寄生蜂與粉蝶

微小的寄生蜂無法播遷到巴黎市中心，因此粉蝶在市中心就能免受攻擊。（©Justin Bredlau; Matthias Tschumi）

不進，至於較小或品質較差的「匯」（sink）區塊，則只能供養脆弱的小族群，牠們要靠遷入者才能維持數量，否則就會滅絕，滅絕後再藉由遷入者重起爐灶。這種從源到匯的「關聯族群」（metapopulation）模型，凸顯了播遷在維持大片地景上的族群時有多麼重要。

通常人類所致的環境變化，可能降低棲地區塊的品質，而這會將源族群變成匯族群，破壞整個關聯族群的結構。棲地區塊完全流失或土地利用類型改變，可能使剩餘的區塊之間離得更遠。這會使需要播遷的生物，更難找到適合的區塊，藉由遷入者挽救族群的可能性也因而降低。基於這個理由，保育人士主張應該建造棲地廊道或是「踏腳石」系統，協助動物和種子跨越地景，從適合的棲地區塊播遷到另一處。

播遷也有助於整個關聯族群的遺傳多樣性流動，克服近親繁殖相關的問題。近親繁殖指的是遺傳結構相近的個體反覆配對，這可能提高子代發生遺傳疾病的機率，而降低其存活率。與外界隔絕的族群更可能有近親繁殖的問題，尤其牠們是少數拓殖者的後代，且後續沒有加入新的遷入者。在芬蘭的奧蘭群島（Åland islands）有一種網蛺蝶（Glanville fritillary butterfly），由數百個規模有大有小、但彼此獨立的族群組成一個關聯族群。規模最小、最孤僻的族群，遺傳多樣性較低，可能會因為近親繁殖而滅絕。沒那麼封閉的群體則藉由個體間的經常交流，避免近親繁殖的問題。

管理族群

不論是為了我們自身的資源需求、保育或其他目的，管理物種的前提都是要先了解族群動態，而族群動態是由物種特徵和生活史策略、環境條件、生物交互作用以及播遷共同形塑而成。要抑制造成問題的入侵種或害蟲不斷擴張，或是要守護瀕危物種的少數族群，都需要充分了解物種特徵，以及其族群成長率、密度依變的競爭及關聯族群動態之間的相關關係。猞猁與雪鞋兔兩相呼應的動態，或是旅鼠族群量週期性的起伏，都讓我們窺見單純的「掠食者—獵物—資源」交互作用，可能對動物族群產生調節作用。然而大部分交互作用的複雜度遠高於此，其中涉及許多物種，範圍遍布各種不同的環境條件。生態學已成功運用簡單的模型來釐清和說明基本原則，而我們也順應需求，運用這些模型的分析結果管理族群。在特定脈絡下，我們獲得廣泛的論述，卻也犧牲了部分特定情境的現實性，應當要更審慎解讀分析結果。在可以理解更複雜的複合物種生態系動態之前，我們還須經過漫長努力，至少累積到足夠的認知，才能預測它們可能如何因應人類造成的改變。

第四章

群落

大自然有血紅的尖牙利爪？

丁尼生的詩作〈悼念〉是為摯友亞瑟・亨利・哈倫（Arthur Henry Hallam）獻上的輓歌，他在詩中以人類對愛的信念與大自然的凶殘作對比：

人類……
深信上帝之愛普照大地，
萬物莫不以愛為最高原則——
然而自然挾其血紅的尖牙利爪，
強取豪奪，嘶吼違逆祂的教條。

永無止境的掠食與競爭，似乎證明了丁尼生對自然的反感有道理。不過自然界中各物種間的合作關係也同樣普遍——況且當然「人類」自己也不是無可非議的角色。

為了彼此的利益而合作的物種，我們稱之為共生生物，而合作的交互作用稱為互利共生。「共生」（symbiosis，這個詞源自希臘文，意思是「生活在一起」）是互利共生的其中一種形式，其中涉及的物種為互相依賴、關係緊密的夥伴。例如地衣就是某種真菌與行光合作用的海藻或藍菌（cyanobacteria）間的共生夥伴。大部分互利共生行為則沒這麼親密。蜜蜂會快速訪花以採集花粉回巢，過程中植物因而授粉，就能生產種子。花蜜除了誘使授粉者接近花朵外，沒有任何作用。與此類似，果實也只是討好動物的禮物，讓動物吃下果實後能散播果實內的種子。

人類對互利共生的研究已有悠久歷史，但發展出的理論卻不多。最先在生態學方面使用「互利共生」一詞的，是皮耶－約瑟夫・凡貝內登（Pierre-Joseph van Beneden）一八七五年出版的著作《動物界的共生及寄生》（*Les Commensaux et les parasites*）。幾年後的一八七八年，其學生與同事都直稱他

「教授」的漢瑞其・狄伯瑞（Heinrich de Bary），在向德意志自然科學家與醫學家學會（Association of German Naturalists and Physicians）發表演說〈共生現象〉（Die Erscheinung der Symbiose）時，將「共生」視為生物學概念介紹給聽眾。「教授」將共生定義為「不同生物生活在一起的現象」，而這也將寄生包含在內。到了十九世紀末，發現了許多互利共生行為。然而整個二十世紀，卻未見什麼發展互利共生理論的努力。曾撰寫互利共生相關論述的許多早期科學家，顯然都懷有左派政治傾向，因此有些人認為這種關聯性，是後來互利共生理論熱度減退的可能原因。若真如此，那麼無政府主義者彼得・克魯泡特金（Peter Kropotkin）一九〇二年出版的著作《互助論》（*Mutual Aid: A Factor in Evolution*）很可能也軋了一角。就連凡貝內登一八七五年首度提到「互利共生」這個詞，都可能是在暗指十九世紀初法國和比利時建立起的一些「Mutualité」勞工組織，這類組織的目的是互相提供經濟援助。

合作

在熱帶海洋綿延數千平方公里的珊瑚礁，是地球上生物多樣性最豐富的生態系之一（見圖9）。若非（屬於動物的）珊瑚與特定行光合作用的渦鞭毛藻（dinoflagellate）合作，這個生態系便無法存在；在一般情況下，這些渦鞭毛藻是一群居無定所的浮游生物。這種共生性的渦鞭毛藻稱為蟲黃藻（zooxanthella），它們在珊瑚內棲息，並從珊瑚捕獲的獵物獲得養分，而它們付給珊瑚的房租就是由光合作用合成的碳水化合物。珊瑚的碳可能有高達百分之九十五由蟲黃藻提供，碳能促進珊瑚鈣化，讓牠們能建造巨大的碳酸鈣珊瑚礁。在不同的光照條件下，蟲黃藻的光合作用能力也不同，因此當環境條件改變時，珊瑚會將某些蟲黃藻取代為別的物種。最近海洋表面溫度暖化（很可能與全球暖化有關），可能導致許多珊瑚大規模排出所有蟲黃藻，造成珊瑚白化。如果蟲黃藻未盡快補回原處，珊瑚甚至會死亡。氣候變遷在擾亂珊瑚與蟲黃藻的共生關係之餘，也威脅了珊瑚礁的健全，以及珊瑚礁所支持的豐富生物群落。

圖 9　健康的珊瑚礁生態系，建立在動物（珊瑚）以及單細胞生物（渦鞭毛藻）之間互相依賴的關係上。（來源：iStock.com/Iborisoff）

珊瑚與蟲黃藻的共生關係促發珊瑚礁的成長，但珊瑚礁的存續要仰賴珊瑚與吃海藻的魚類之間更為分散的互利共生行為。珊瑚礁魚類會清掉大約百分之九十的海藻，因而讓珊瑚礁表面維持整潔，適合珊瑚幼蟲附著，也有助於珊瑚的健康。相對而言，珊瑚礁魚類則受益於珊瑚礁的各種凹洞密室，它們既可提供食物，又可作為躲避掠食者的庇護所。

在海洋地殼火山活動區域的熱泉噴口周圍，形成另一種整個群落基礎的共生關係。從這些裂隙中噴出極高溫的強酸液體，溫度高達攝氏四百度，含有高濃度的硫化氫，對多數生物來說都是毒液。然而在這些似乎很險惡的環境生存的動物，總生物量是周圍深海平原生物的一千倍左右。這些生物量大部分來自巨型雙殼貝和管蟲，奇妙的是，牠們沒有口器也沒有腸道。養分來源是住在體內的硫氧化菌。這類動物會提供二氧化碳、氧和硫化氫給細菌，細菌合成有機化合物後，再由宿主吸收。這種共生關係建構起一張食物網，在這不見天日的深海，完全是由細菌的化學合成反應支持，而在這深海裡也有幾種甲殼類動物、海葵、魚類和章魚。

還有許多其他不那麼緊密的夥伴關係，對生態系結構也同樣重要。鐮莢金合歡（*Vachellia drepanolobium*）在東非黑棉土稀樹莽原的林地總面積中，占百分之九十五。象群會吃這種樹的樹皮、樹葉和樹枝，基本上就是會對這些樹大肆蹂躪，但鐮莢金合歡仍老神在在。因為金合歡有保鑣，牠們是四種螞蟻。這些螞蟻在金合歡中空膨大的棘刺內築巢，並以樹葉根部分泌的蜜為食物（見圖10）。有哪隻蠢大象敢來吃金合歡的樹枝，這些螞蟻就會凶狠地叮咬象鼻敏感的內側。若是沒有這些保鑣，黑棉土稀樹莽原的金合歡樹也會被象群摧毀，有林木的稀樹莽原就會由野火形成的開闊草原給取代，而草原能供養的大象數量要少得多。

圖 10　金合歡樹與螞蟻保鑣

鐮莢金合歡樹招待螞蟻保鑣入住，因為螞蟻能防禦植食動物，它們還會提供住處和有甜味的蜜來回報螞蟻。（來源：Whitney Cranshaw, Colorado State University, Bugwood.org [CC BY 3.0]）

不簡單的關係

儘管克魯泡特金和凡貝內登對自然界的互利共生行為著迷不已，平心而論，大自然其實更反覆無常。

唯有當合作任一方都無法傷害另一方時，才能稱為互利共生，但互利共生的夥伴鮮少處於平等地位。其中一個物種經常能透過交互作用獲得比對方更大的好處，而且彼此的關係也會隨著情況而改變。合作關係可能迅速變相為互害關係。

試想鐮莢金合歡的螞蟻保鑣。從螞蟻的角度看，樹木投資在生產花朵和種子上的能量，等於消耗了創造螞蟻居住的中空棘刺，和甜味蜜的能量。因此當金合歡想開花的時候，螞蟻會將許多花朵掐掉。相反地，若是附近植食動物很少，金合歡不再需要那麼強力的保護，就會製造較少的棘刺和蜜，損害寄居螞蟻的權益。螞蟻的報復方式是豢養吸樹汁的昆蟲，從這些昆蟲身上採集蜜露，藉此滿足牠們的碳水化合物需求。互利共生行為經常在互助的合作關係與機會主義的寄生關係之間搖擺不定。

許多植物都有「菌根菌」，它們會裹住植物根部，或是穿透根部和根細胞。這些真菌能讓植物更有效率取得稀少的土壤養分，最主要是磷和氮。在一立方公分的土壤內，由稱為菌絲（hyphae）的微小絲狀結構組成的真菌菌絲體（mycelium），拉開後可達一百公尺，觸及植物根部到不了的土壤孔隙。而真菌獲得的報酬是植物藉光合作用合成的碳水化合物。植物有時會將光合作用產生的碳中，高達百分之二十的比例分給真菌夥伴。這個互利共生的關係，是建立在兩方合作者獲得的利益，都大於各自成本的基礎上。植物付出的成本是它分給真菌的碳水化合物，本來那些碳水化合物可以用在自身生長發育。通常，為了取得稀少的養分，付出這樣的成本是值得的，不過若是長在肥沃的土壤裡，植物可能不怎麼需要、甚至完全不需要菌根菌。然而真菌仍然繼續吸取植物的碳水化合物，抑制植物的生長。它們的關係轉為互害關係，甚至可說是寄生。植物與菌根菌之間的交互作用形形色色，從極度互依互存，到輕度互利、輕度寄生，或甚至是極度寄生都有，取決於土壤肥沃度或是光合作用可得的光照度所影響，而計算出的損益是「貿易餘額」。互利共生的物種間，其相對成本與利益出現這樣的轉變，是很常見的狀況。

合作這檔事很棘手，不過大夥兒趨之若鶩。植物拉來很多互利共生的夥伴，包括菌根菌、授粉昆蟲，以及播散種子的脊椎動物。在交易中，植物提供的是碳，對真菌是在根裡面，對授粉昆蟲是花蜜，對播散種子的動物則是果實。如果土壤夠肥沃，植物就不那麼需要菌根菌，轉而將更多碳水化合物分配給花朵和果實，以促進種子生產。然而，因為生理限制的關係，完美分配資源經常只是理想，而真菌仍繼續吸取植物至少一部分的碳水化合物，潛在地限縮了它的繁殖潛力。當多個合作者之間出現資源取捨時，要分辨某種關係是互利共生還是寄生，有時是很困難的。

忠實與不忠

兩個徹底依賴對方的物種，可說是脣亡齒寒。因此多數互利共生關係都頗為分散，因為每個物種都找了好幾個夥伴。這樣能分攤風險，以免在夥伴網路中不幸失去一個或數個合作的物種。例如植物就有一大群菌根菌夥伴，每一種菌根菌也會跟很多不同種植物合作。與此類似，多數植物會接受許多不同的授粉昆蟲，正如同這一批授粉昆蟲會造訪許多不同的開花植物。

儘管如此，專一的互利共生關係確實存在。由於屬於異常現象，它們成為許多生態學家的關注焦點，主要是因為它們呈現互利共生關係的特徵——具有潛在的矛盾衝突。世上約有七百五十種無花果樹，每一種都要靠一種或極少數幾種榕小蜂（fig wasp）授粉。體長幾乎不到一毫米的雌蜂於包在無花果內的迷你花朵裡產卵。榕小蜂的幼蟲寄生在無花果樹上，以植物組織為食，若不是被牠們吃掉，那些組織原本可能結成種子。發育成熟之後，新一代成年榕小蜂先交配再離開無花果樹，不過在離開前身上已沾滿花粉。牠們又去物色新的無花果樹產卵，同時也為很多花朵授粉，而逃過一劫未遭寄生的花朵，可以發育成種子。就這個主題，還有很多變化的版本。有些榕小蜂是徹頭徹尾的寄生者，也就是說牠們完全沒有幫忙授粉。

無花果樹演化出不同的花朵形式，以保有部分關係的掌控權。有些無花果樹同時具有短花柱和長花柱的花，榕小蜂能夠在短花柱的花裡產卵，卻無法在長花柱的花裡產卵。其他無花果樹則藉不同株樹木將雄花和雌花分開，雄無花果樹上有雄花和雌花，但雌花的功能純粹是孕育授粉昆蟲，並不負責製造種子。而雌無花果樹上的花，則有讓榕小蜂能授粉卻不能產卵的構造。由於榕小蜂不懂得分辨無花果樹的性別，沾滿花粉的榕小蜂會傻傻地鑽進雌無花果樹為花朵授粉，自己卻無法繁殖。

北美洲的絲蘭以及為它們授粉的絲蘭蛾之間也有類似的衝突，絲蘭蛾會吃掉一部分絲蘭種子；或雖然會幫歐洲金蓮花授粉，卻也會吃其胚珠的短角花蠅。在這些關係中，互利共生與寄生的界線非常模糊。合夥雙方都完全依賴著對方，但在這種生態合作下卻潛藏著演化上的衝突與矛盾。兩方都想將成本壓到最低，利益放到最大。所有互利共生關係都是如此，但唯有在專一互利共生中，才能赤裸裸地看出合作的本質是衝突。

層階

有些物種雖然不直接屬於互利共生者，其行為仍間接讓其他物種獲益。可能有一整個群落都仰賴著這類「關鍵物種」（keystone species），失去這些物種的影響會波及整個生物系統。

在冷到沒有珊瑚礁的海域，海藻成為了生態系中的實體建築構造。生長在北美洲和南美洲西岸附近溫帶岩岸的巨藻可以達六十公尺高，形成壯觀的海底海藻森林，供養豐富的魚類和哺乳動物群落（見圖 11-a）。海獺維護著這個系統，因為牠們以植食性的海膽為食，讓海藻能好好生長。十九世紀到二十世紀初，動物毛皮商將海獺獵捕到近乎滅絕的地步，到了一九二〇年代，西伯利亞、阿拉斯加和加州只殘留少數海獺。結果海膽數量暴增，啃食摧毀了海藻森林，創造出沒有其他動物也沒有海藻的「海膽荒漠」（見圖 11-b）。海膽只要一點點食物就能活好幾年，使得新海藻難以立足和復興。結果還是在一九七〇年代重新引入海獺，才將海膽數量減少到足以復育海藻森林的程度。從二〇一三年起，加州海岸邊又上演了新的危機。一波流行病毒幾乎殲滅多種海星。通常海星是海膽主要的掠食者，而海星的折損導致二〇一四年和二〇一五年海膽數量大發生，海藻森林生態系再次崩解。這也表示商業捕魚受到損失，包括紅鮑這種美味的軟體動物在內，牠原本在海藻森林生態系中數量繁多，直到最近才銳減。

當棲地變得破碎，創造出許多獨立的小型棲地區塊時，群落也會發生層階式的變化。小區塊能供養的族群較小，而較小的族群滅絕的風險就比較高。結果就

圖 11　（a）由海獺維護管理的豐富海藻森林群落；（b）若沒有海獺，植食性海膽的數量便會失控。（來源：[a]Douglas Klug [b]John Turnbull）

是小區塊供養的物種較少，所以保育人士才會致力於維持大面積的棲地。委內瑞拉的古里水庫（Lago Guri）以水力發電為目的，約翰．特博（John Terborgh）利用其進水時會淹過雨林，而記錄其對棲地破碎化的層階式影響。當水位升高，長滿森林的丘頂成為孤島，與鄰近的丘頂和主要的森林區隔絕。特博研究了十二座小島上的動物族群變化，有些島較小，有些島較大。不到十年，森林島上的動物族群就與主要森林區的動物有顯著的差異。小島上的卷尾猴消失了，卻在較大的島上安身立命。在小島上，鳥類密度是主要森林區族群的兩倍，但若換作較大的島，密度反而降到只有主要森林區族群的五分之一。這是因為在較大的島上，猴群會襲擊鳥巢，但在小島上的鳥類很安全，不用擔心遭到卷尾猴獵食。其他變化還更驚人。齧齒類和鬣蜥的數量比主要森林區分別高出三十五倍和十倍。吼猴的密度達到每平方公里一千隻，遠高於主要森林區的每平方公里四十隻。最令人咋舌的是切葉蟻的爆炸性成長，牠們在島嶼上的數量是主要森林區的一百倍。諸如美洲豹等頂級掠食者消失，說明了這些植食動物為何會暴增。隨之而增加的植食行為也對植群造成層階效應，樹木死亡率升高，進而減少種子更新的機會。倖存的植物都是難以下咽或有毒的物種，這很可能對動物族群有更深遠的影響，也可能影響島嶼上的養分循環等過程。

演替

「演替」是至少從一九二〇年代開始就持續的生態學概念，意思是生態群落連續不斷發展，變得愈來愈複雜，最後在稱為「極盛相」的穩定終點停下來。初級演替（primary succession）出現在新形成、尚無植物覆蓋的地形，例如新成形的火山熔岩或新生島嶼，亦或冰河退縮露出的土地。阿爾卑斯山區冰河退縮所露出的裸岩表面，先是由短期生禾草和草本植物拓殖，隨之則是多年生的草本植物和灌木，最後是喬木。從冰河的前緣沿著切過的河谷行走，就能看出這樣的演替階段（見圖12）。

圖 12 瑞士莫特拉奇（Morteratsch）冰川河谷的演替

冰河退縮露出新的土地，植物陸續拓殖，並隨著時間而發展成更為複雜和豐富的植群。這三張照片在相同位置拍攝，亦即 1970 年時的冰河前緣，鏡頭由此位置朝退縮的冰河往山谷高處拍。上圖攝於 1985 年，中圖攝於 2002 年，下圖攝於 2018 年。（來源：Juerg Alean）

而次級演替（secondary succession）中，局部或全部的植群可能因野火、病原體、人類活動或其他干擾而消失，但土壤中可能還含有種子及殘株。廢棄農田的次級演替創造出美東的成熟森林（見圖13）。美國東北部新英格蘭地區的山丘曾經是繁忙的農牧社區，將殖民前的針葉林和闊葉林都清除到所剩無幾。十九世紀時，新英格蘭的農民在美西邊界處，循著小徑走到了新的土地。他們的新英格蘭農場已經沒有經濟價值，現在遭到棄置，又很快被新房客占據，起初是一年生的野草和多年生草本植物，再來是壽命較長的灌木和生長速度快的喬木，例如顫楊和白樺，最後是大型喬木，像是糖楓、山毛櫸、鐵杉和紅櫟，現在由它們占據這些昔日的農場。美國東部的森林幾乎全部都是次生林，而不是未受過擾動的原始林。

演替會結束嗎？在不受干擾的情況下，植群可能會趨向於由大型樹木主導的狀態，這些樹木投下濃密的樹蔭，只有同樣生長緩慢且耐陰的物種才能在其下持續生存。這是極盛相——具爭議性且歷史悠久的理論性概念。一九一六年，費德

圖 13　一座成熟的次生林（在哈佛森林〔 Harvard Forest 〕內），昔日此處的麻州郊區曾經有過廣大的農地。此地於 19 世紀中葉遭棄置，森林內交錯縱橫的田地圍牆是過往土地利用的人跡。（來源：Peter Thomas）

瑞克·克萊蒙茨主張，如果時間充裕，任何氣候區都會由單一極盛相稱霸，無論初始環境為何。這個觀點受到亞瑟·坦斯利和亨利·格里森的挑戰，針對導致演替過程的組織機制為何，展開了長期且有時激烈的辯論。克萊蒙茨將植群視為一個「超生物個體」，經歷一系列發展階段，每個階段都有其內部組織。格里森則認為，個別物種之間的交互作用決定演替序列（successional sequence），導致演替的結局有很大的不確定性，因為會受到播遷偶發事件、個體拓殖、建立和成功競爭資源能力的影響。與克萊蒙茨將植群視為單一「完整生物個體」的解釋相反。格里森表示，一個植群「不是一個生物，甚至不完全是一個植群單位，而僅僅是『巧合』」。坦斯利則認為，當地極盛相植群會由許多因素決定。氣候只是其中之一；其他因素還包括土壤、地質、方位和地勢。實際上，很難確定分散且穩定的極盛相植群。因為植群的結構和組成，在許多環境梯度上連續變化。而且無論如何，干擾總是以某種形式存在。

然而，植群內的變化率經常難以察覺，而憑這一點便足以宣稱已成為極盛相群落。廢棄農地的演替可能要一百年或兩百年才能達到極盛相狀態，而美東大部分廢棄農地很可能正是如此。在這段期間，狂風吹襲、疾病爆發，野火調整了演替過程。約一萬年前北半球冰帽退縮所觸發的演替過程，可說是持續至今，因此一種理論上的狀態是否存在於現實中，確實值得質疑。

競爭與拓殖之間的取捨

演替為何會發生？又為何以那種方式發生？有許多理論性的解釋提出，試圖為連續不斷的物種轉換（turnover of species）找到解答：從生長快速的草本植物，到生長較慢、壽命較長的灌木和喬木，與發展得愈來愈分歧和複雜的群落相當類似。許多解釋都圍繞著生態學中無所不在的「取捨」概念打轉。沒有任何物種能樣樣精通，隨著某個物種適應特定環境條件，應付其他環境條件的能力就弱化了。生態似乎是一場零和賽局，而取捨在演替過程中巍然而立，包括競爭與拓殖之間的取捨。

只要資源充足，在演替早期階段表現優異的個體，都屬於生長快速的物種。這些壽命短的物種，在光禿禿的地面拓殖，或是受益於豐富資源快速生長的草本植物和灌木。在早期的時候，資源確實很充足，因為一開始群落的生物量很少，對空間、陽光和養分的需求都不高。隨著更多種子到來，植物落地生根，情況有了改變。愈來愈多的植物推擠競爭生長空間，驅使它們競爭愈來愈少的資源。需要很多資源的先驅者在與更有效率利用少量資源的後來者競爭時，無法繼續快速成長。同時，長得較慢但資源利用效率較佳的植物遮住陽光，取代那些長得快且需要大量資源的物種。

生長快速的物種想讓族群存活，需要繼續拓殖到競爭者相對稀少、資源又很豐富等受到干擾的區域。環境干擾會製造這樣的環境，但要將種子傳播到那裡，可得賭賭運氣。為了盡可能提高拓殖成功率，早期演替植物會很揮霍地使用資源，製造大量的小型種子。這些繁殖體（propagule）經常透過風力廣為傳播，少數幸運的繁殖體會落在資源豐富的有利地點。這種小型種子內儲存的植物胚芽非常少，因此除非剛好落在資源豐沛的環境，否則不太可能與種子更大的植物競爭後還存活。相反地，競爭力強的物種傾向於製造飽含資源的大型種子，讓年輕植物在競爭激烈的環境裡贏在起跑點。

將強烈的進取心與放蕩的繁殖力結合起來，似乎會得出一種所向無敵的策略，但「取捨」卻成了它的阻礙。製造大量種子很耗費資源，也就會限縮分配給生長、分配給根部以取得養分、分配給葉片以捕捉陽光、分配給強韌木質莖部以抵抗自然傷害、分配給化學毒素以防禦害蟲和植食動物的資源。取捨阻礙了「超級植物」誕生。

那動物呢？

說起演替，我們主要想到的是植物，明顯的原因是陸地群落的發展主要依賴草本植物、灌木和喬木的定著、生長和轉換，才能賦予環境結構，為動物創造居住的棲地。儘管如此，動物仍然能夠、也確實影響演替軌跡和結果。脊椎動物在「改變種子的相對數量」上扮演重要角色，因為牠們會吃種子，並在傳播種子時，讓種子得以拓殖。美國東部落葉林中，超過百分之六十的木本植物物種是由脊椎動物傳播種子的，全世界熱帶和亞熱帶森林的木本植物物種，則有百分之六十到百分之九十五由鳥類和哺乳類動物傳播種子。體型較大的動物傳播種子較大的植物，而這種植物往往是演替序列較晚的物種。這類動物往往更承受不起獵捕和環境劣化，而失去牠們很可能就會影響復甦中棲地的演替路徑。許多演替晚期植物的大型種子也是飢餓齧齒動物眼中極具吸引力的餐包。種食性動物的偏好會降低大型種子的密度，進而影響演替過程。脊椎動物能夠徹底中止演替。蘇格蘭高地的大量紅鹿使得大片沒有樹木的石楠原無法復育為林地。無獨有偶，非洲稀樹莽原上的大批象群取食、折斷、踩毀樹木，讓生命力強的禾草更占優勢，之後的野火又鞏固禾草的生存地位。

生態系

二十世紀初期生態學家之間，關於植群演替與極盛相的本質論辯，直到現今仍餘波盪漾，其表現在要用整體論或是化約論的方式去研究生態系生態學，這之間產生了一些劍拔弩張。坦斯利對生態系的定義是「不只包含生物複合物，也包含所有自然因子的整體複合物，後者構成了我們所謂的生物區系（biome）的環境」。他強調將生物性、化學性和自然過程結合起來，成為單一生態系。最近有些定義捕捉到坦斯利的解讀精神，說它是「由任何適於指明的範圍內，單一（或多個）生物群落及其物理和化學環境組成的單位；在該環境中，物質與能量會在交互作用的開放系統中連續不斷地流動」。「適於指明」的生態系單位，有可能是小如住在豬籠草裝滿液體的內腔中的生物群落。不過更常見的情況是，生態系是在相對明確的環境中依較大的空間尺度劃分，這類環境指的是溪流、湖泊或森林等等。生態系定義已由更加流動性的詮釋給模糊了，這類詮釋將環境科學和社會科學領域也納入其中。這些近來才有的詮釋更偏向整體論，因為它們也將人類的行動視為生態系的必要元素。

雷蒙·林德曼透過生物和非生物成分的關係來解讀生態系，能量和物質便是藉由這些成分流動的。這些成分捕捉和保留能量的效率取決於生態系的自然結構和營養階層組織。生態系的自然結構包括生態系自然特徵的規模與分布，在水域生態系、沙漠或凍原，自然結構可能主要屬於非生物性質。在這類系統中，岩石、沉積物、水或冰基本上限制了生物相（biota）的分布、數量與複雜度，使其無法改動環境。在森林之類更有生產力的生態系裡，生態系的結構基本上是生物性。樹木會捕捉太陽並固定養分，因而大幅度改動非生物環境，途徑包括影響土壤的生成、將碎石送入河川、減緩侵蝕、調節氣溫與降雨量，以及改變干擾程度等。

營養結構

生態系的營養階層組織由食物網表現。研究生態系的切入點，是由陽光獲取的能量以碳水化合物的形式儲存在植物組織裡，然後循著各種攝食路徑由植食動物轉移到肉食動物身上。分解作用釋放養分，使其恢復成非生物生態系成分，能量則在群落集體的呼吸作用中以熱能的形式消散。

陽光為地球上的生物相提供能量，只有極少數的例外。植物透過光合作用捕捉陽光，構成食物鏈的基礎，亦即任何群落中營養層階的第一層。例外者包括黑暗深海中的化學合成菌，它們會從硫化氫或氨的氧化作用中製造生物量，而不是仰賴光合作用。雷蒙．林德曼將食物鏈和食物網概念化，視為能量由營養層階第一層的植物，轉移到植食動物、肉食動物和分解者等更高階層的過程。任一營養階層可用的能量都是其生物量所發揮的作用，而生物量即是該營養層階所有生物的質量。若檢視某生態系各營養層階之間的能量轉移情況，就可能判斷出一個生態系能維持多少生物量。

真菌、動物以及大部分的細菌，無法透過行光合作用合成新的生物量，必須直接食用植物，或者間接地互相攝食，來獲得所需的養分和能量。初級生產是指每單位面積的植物形成生物量的速率，屬於營養階層的第一層。次級生產則是消費者生物體生產新生物量的速率。營養階層的第二層是由植食動物組成，吃植食動物的肉食動物則占據第三層。甚至有以營養階層第三層的動物為食的掠食者。在任何群落中都鮮少會有超過四層的營養階層，部分原因與能量的轉移有關。

植食動物產生的次級生產量，比初級生產量大概要少了十倍。與此類似，植食動物所生產的生物量，大約只有十分之一轉換成了肉食動物的生物量。因此占據較高營養階層的生物，能取得的生物量只是植物生產量的九牛一毛。在較高營養階層，無論如何都沒有足夠的能量再維持更多營養階層的有效族群量。

植物的生物量及能量會發生什麼狀況呢？大部分就單純未受取食，當植物死亡時，它們的生物量——現在適當地改稱為木質殘體（necromass）——被土壤中的分解者群落利用，大部分是細菌、真菌和各種無脊椎動物，植物材料因此而回到土壤中。經過攝取的生物量有很大部分無法輕易轉換為動物組織，反而排泄至體外。動物並不具備良好的條件，能有效消化占了植物組織很高比例與結構的複雜碳水化合物（木質素和纖維素）。結果就是吃進去的生物量，牠們只吸收了百分之二十到五十，不過專吃種子或果實的動物可以吸收多達百分之七十的能量。相反地，吃動物組織的肉食動物能吸收約百分之八十吃下肚的生物量。動物也利用消費的生物量所獲得的一部分能量來工作，包括狩獵、逃離掠食者、求偶、捍衛領域、築巢或遷徙。不僅如此，若在使用能量以及將生物量轉換為能量時缺乏效率，便會以熱的形式損失。因此植物捕捉到的太陽能，只有極小部分用來創造動物生物量（見表1）。

表 1　由數個不同生態系整理出來的植物、昆蟲和脊椎動物的生物量資料，顯示出只有極小部分的植物生物量轉換為動物生物量。（單位：公克／平方公尺）

生態系	**植物**	**昆蟲**	**脊椎動物**
秘魯的熱帶低地森林	39,000	5.4	0.15
溫帶針葉林	30,000	2.4	0.08
溫帶落葉林	20,000	5.0	0.11
塞倫蓋提的熱帶莽原	3,000	0.76	2.3
美國科羅拉多州的溫帶草原	2,300	0.62	1.1
波蘭的農田	1,260	5.8	0.2
美國亞歷桑那州的溪流	350	3.0	50

正是因為能量轉換缺乏效率，與最低營養階層的植物相比，營養階層較高的生物量和數量才會少得不成比例。查爾斯・艾爾頓首先注意到每個營養階層之間的生物量大約有十倍的落差，不過能用能量傳遞和耗損來解釋的人是林德曼。依據難以避免的熱力學第二定律：沿著食物鏈往上移動的過程中，能量在將物質由一種形式轉換成另一種時，勢必會有耗損。熱力學第二定律說明了為什麼——套用生態學家保羅・科林渥克斯（Paul Colinvaux）的說法——「大型猛獸很罕見」。

生物地球化學循環

強調生態系之間能量與物質的流動，這論調將生態過程與生物地球化學過程連結起來。生物地球化學循環是從生物與非生物生態系的物質流動中出現。例如植物藉由土壤生物相的幫助，以及植物和菌根菌或微生物之間的共生關係，從土壤取得養分。當植食動物吃進植物組織，養分便在食物網中往上移動，最後透過分解重新循環回到土壤裡。消費者（無論是植食動物或肉食動物）在排便時會加速養分的回收，且牠們在地景或生態系之間走動穿梭時，也會重新引導養分流動的方向。大批繁殖力強的螞蟻或蟬週期性地出現，或者更精確地說，是出現後相應而來的死亡和腐爛，為水生生態系貢獻了一波養分，足以刺激水生生物的繁殖量。當蠓的成蟲離開牠們幼蟲階段的水生棲地時，就會出現反向的潮流，牠們會讓所在溪流五十公尺內的陸域生態系，增加多達五倍的氮和磷。

在干擾後或演替中發生的群落物種組成變化，會影響養分流動的速率和路徑。早期演替的植物群落，也就是在干擾後不久、資源還很豐富時就落地生根的那些植物，一般說來都很浪費養分，因為競爭者很少，甚至根本不存在。在這些階段，生態系流失了更多養分；相較之下，較晚的演替階段，競爭促使植物更善於保存和回收養分。從某一生態系流失的養分，會成為另一生態系的收穫。暴風雨時沖入溪流的碎石是許多溪流生態系的主要養分來源，順流而下的有機物質則是出海口和海岸生態系的主要養分來源。

集約農業和人造林生態系保存養分的效率較低，因為這些系統中所含的物種較少，無法像更多樣的植群那麼善於捕捉不同形式的物質。多樣且複雜的物種包含五花八門的養分捕捉策略，也與土壤生物相有更多種類的互利共生的交互作用，這樣的交互作用能增加植物吸收氮等養分的路徑。集約農業由於保存的養分低，迫使農民施用人造肥料來補足失去的養分。透過人工固氮，從大氣中製造肥料的固氮量，現在已經超過所有陸域生態系統的生物固氮量。農作物時常施用氮肥會威脅土壤、水和空氣品質，包括氮素淋溶（leaching）和排放氧化亞氮（N_2O），這是強烈的溫室氣體，也會破壞臭氧層。運用生態學知識，認知到農業系統中多樣物種的重要性，我們就能改善養分循環和保存的效率，減少人造肥料的使用，以及其對環境的負面影響。

氮循環

一群生物及生物間的互動，掌控著生物地球化學的流動，包括氮循環。氮是植物生長的關鍵養分之一，它以各種不同的分子形式，透過大氣、陸地和海洋生態系循環（見圖14）。在土壤裡，這個過程從細菌固化大氣中的氮氣分子（N_2）開始，或是從動植物的排泄物與屍體將有機氮轉換為銨（NH_4^+）、亞硝酸鹽（NO_2）和硝酸鹽（NO_3）。植物吸收了銨和硝酸鹽後，再傳遞給吃掉它們的動物。氮以排泄物或屍體的形式回到土壤裡。有些氮透過細菌的脫硝作用（denitrification）由土壤逸散回到大氣中——脫硝作用就是將硝酸鹽還原為氮氣分子（N_2）的過程——因而完成整個氮循環。

在這個過程中，植物是重要角色。植物在將土壤真菌作為菌根夥伴，以及與土壤細菌締結其他根部的共生關係時，都加快了攝入含氮化合物以及將它們轉換為植物生物量的速度。豆科植物約有一萬八千種，其中包括菜豆、豌豆和三葉草

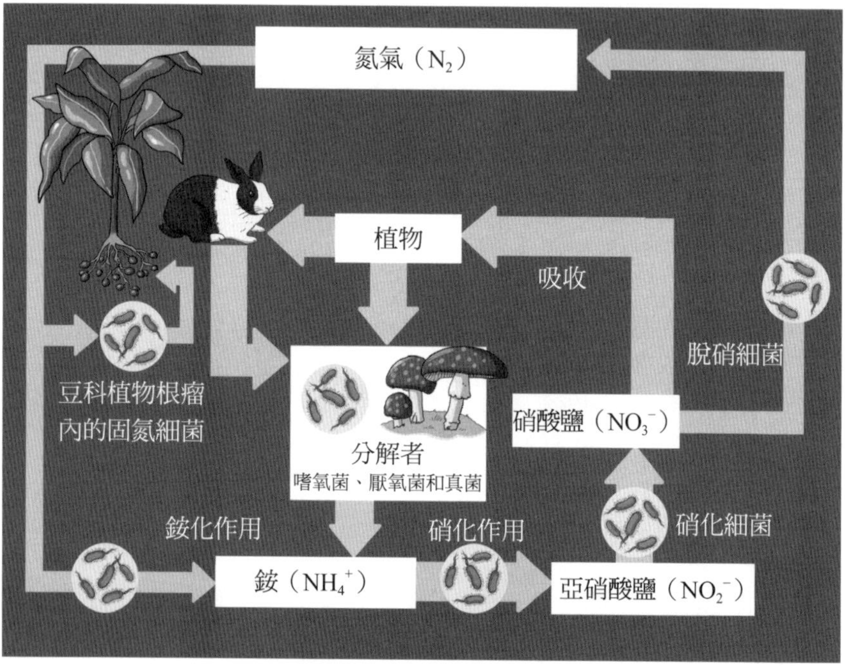

圖 14　氮循環

動物、植物、真菌和細菌之間的互利共生、競爭與消費等交互作用形成的生態，在氮循環中扮演舉足輕重的角色。

等常見物種，大部分都和寄居在根瘤內、能夠固氮的根瘤菌（*Rhizobia*）建立了共生關係。這些植物供應根瘤菌碳水化合物，相應之下會得到細菌從氣態氮中取得的硝酸鹽。紫花苜蓿每年的固氮量為每公頃超過兩百公斤，三葉草的固氮量則是每年每公頃約一百五十公斤。

植物根部會滲出充滿碳的液體，刺激細菌將土壤有機物質轉換為可用形式的氮，對微生物和植物雙方都有利。有些非共生性的黑殭菌（*Metarhizium*）真菌能透過感染和攝取土壤中的昆蟲，將其組織中的氮轉化為植物可利用的形式，為植物提供多達百分之四十八的氮需求，植物的回饋則是從根部釋出碳。

當硝酸鹽淋溶到地下水，或是細菌的脫硝作用將氮轉換為氣態，生態系中的氮就會耗損。保留或耗損，取決於植物生長的策略和特徵，以及植物和氮循環微生物間的交互作用。生長快速的植物能減少氮的損失，因為它們會和細菌爭搶硝酸鹽，因而降低氮化合物在淋溶或細菌作用下耗損的機會。有些熱帶的臂形草（*Brachiaria*）草原，以及至少兩種溫帶芻料作物（紫花苜蓿和鴨茅）藉由釋放抑制硝化微生物的化學物質而弱化土壤中氮的淋溶作用，讓銨化作用和硝化作用率減少了百分之九十。儘管對於依賴這些細菌所製造的硝酸鹽的植物而言，這種情況看似有弊無利，但唯有當植物根部的銨濃度很高時，它們才會釋放這些抑制物質。巧妙運用這種與微生物活動相關、有條件的抑制物質，便可能提升農業系統中氮的使用效率。如此一來可以減少製造肥料的需求，也就避免過多的氮淋溶到逕流水中，那可能使水藻大量孳生，對水生昆蟲和魚類造成傷害。

儘管不同種植物影響氮循環過程的能力也不盡相同，取決於它們獲得資源的策略和相關特徵，不過「植物—真菌—細菌」交互作用的生態，對於生態系中氮和其他養分的流動仍有重要意義，並且在更宏觀的角度上決定了氮循環的本質。

回到自然史

雷蒙·林德曼的一大洞見，是將複雜的生態系解讀為「生物和非生物成分之間，能量和物質的流動」。後世永遠記得他為整個生態系作出量化且概念新穎的研究，這個生態系包括微生物、植物、動物和無生命成分。較不為人所知的是，年幼的林德曼在童年時便全心沉浸在對自然史的愛好中。他對生態系的了解，包括食物網和能量傳遞等概念，有很大部分都要歸功於他在家族農場崎嶇的外圍閒遊漫步的時光。

第五章

單純的複雜問題

在生態學中，單純的問題會有複雜的答案。正如同保羅．科林渥克斯在四十年前所說的，最基本的問題都以「為什麼」開頭。為什麼世界是綠色的？為什麼有那麼多物種？為什麼大型猛獸很罕見？為什麼我們該關心生物多樣性的議題？這些看似簡單的大哉問，引領我們深入探究生態學理論的基本原理。「如何」類的問題則是關於生態的機制，亦即族群、群落和生態系是用什麼過程運作的。「如何」類的問題找出過程與樣態間的關聯，讓我們能適切管理生態系，但是要釐清生態的普遍現象與通則，我們還是得仔細思索「為什麼」的問題。

為什麼世界是綠色的？

農民真可憐，一刻不得閒地在對抗危害作物的害蟲和真菌。他們用堪稱軍火庫的大量化學殺蟲劑殺敵，讓田地保持翠綠多產。我們的糧食生產系統仰賴我們發揮創意開發新的毒藥來保護農作物，若是我們放鬆戒備，就可能被各種植食動物淹沒，牠們就像真正的蝗災，可能讓我們的作物粒米不存。農業本身是建立在單純的生態學觀察上，亦即大量資源（也就是作物）對消費者（植食動物）而言是種「福利」，除非用掠食者或殺蟲劑控制這些消費者。

這樣的思維並無法解釋，為什麼從熱帶到較冷的溫帶北區，地球大部分陸地表面都蓊鬱蒼翠。借用達爾文的說法稍加變化，這場喧嚷的植物狂歡派對無論如何都需要給個解釋。那些威脅人類農業耕耘成果的害蟲跑到哪去了？牠們為什麼不像破壞農田那樣掠奪地球豐沛的草葉生物量？為什麼世界是綠色的？

這個單純的問題成為一九六〇年一篇經典論文的標題——由尼爾森·海爾斯頓（Nelson Hairston）及同儕共同撰述——文章的結論是，因為掠食者、病原體和寄生蟲將植食動物和其他植物病蟲害的數量壓低，世界才能保持翠綠。掠食者控制著植食動物的數量，因而減輕植物承受的消費者壓力。然而生命——和生態，其實比乍看之下要複雜。首先，這些「由上而下的作用」（top-down effect）必然會導致「由下而上的作用」（bottom-up effect），也就是植物控制了食物鏈更高階消費者的數量。這表示，儘管看似有充足的植物供植食動物食用，但植物以某些方式限制植食動物獲取食物，從而限制了植食動物的數量。在這個情境下，植物享有鞏固的掌控權。由上而下和由下而上兩種理論都很有道理，我們必須評估兩者的證據，才能理解為什麼世界是綠色的。

由上而下的控制

若想判斷掠食者對自然界的掌控達到什麼程度，我們只要移除掠食者，再靜觀其變即可。很不幸，這正是一場非預期中但正在進行的實驗，源自於我們的魯莽而使得許多大型掠食者從世界上許多生物相中滅絕。我們至少可以從這悲傷的過往中汲取一些教訓。

假設是由上而下的控制，我們預期擺脫掠食者威脅的植食動物應該會暴增，並吃光所有植物。蘇格蘭的紅鹿大量漫遊，由於狼和猞猁早已在英國絕跡，這些鹿沒有天敵。大批的鹿啃食樹苗，讓森林沒有機會更新，只有最偏遠的地點例外。蘇格蘭高地丘陵大部分地區都始終光禿無樹，只長著一層禾草、石楠或蕨類。為了在蘇格蘭高地建立新的林地，必須圍出大片區域不讓鹿群進入，或是密集撲殺鹿隻。結果林地復育和土地綠化有了顯著成效。（以撲殺手段）模擬掠食後增加的植物生物量，顯示掠食者對植食動物所施行的「由上而下的控制」是世界呈現綠色的原因。

前文提到約翰．特博的研究，委內瑞拉的古里水庫進水而形成的一座座森林小島，面積並沒有大到能供養夠多的犰狳和靈長類動物。這兩種哺乳類動物都會獵食切葉蟻。擺脫了遭獵食的威脅，切葉蟻戲劇性地增加，導致樹苗顯著減少，不怕螞蟻的木質藤本植物（liana）和藤本植物（vine）則大量增生。爬滿藤蔓的島嶼依然青翠。這些小島上的植物生物量並沒有變化，而是物種組成往比較難吃的植物那一端移動。這些植物繼而限縮了螞蟻維持大規模族群的能力，即使沒有天敵也是如此，代表著植物控制植食動物的「由下而上的作用」。這樣的結果隱然可證，在建構生態群落時，「由上而下的作用」與「由下而上的作用」都各司其職。

「由上而下的控制」有多大影響力，取決於影響掠食者效率的那些因子，包括氣候。在蘇必略湖的皇家島（Isle Royale）上，每逢特別嚴峻的寒冬，狼會集結成大群，以提高牠們獵捕麋鹿的成功率。麋鹿啃食膠冷杉樹苗的情況變少了，使得樹苗快速生長，從膠冷杉的年輪變得較寬就看得出來。氣候較溫和的冬季，狼群規模較小，狼會鎖定其他獵物，膠冷杉樹苗生長就比較慢，死亡率也較高，讓其他植物物種有機會開疆拓土。氣候的波動能影響掠食者行為，這又沿著營養階層而下影響植群，最後影響整個生態系。

綠色沙漠

那由下而上的過程呢？植物如何限制植食動物的數量？許多植物都運用物理防禦措施來抵抗植食動物——試想仙人掌和金合歡、歐洲常見的刺蕁麻，或是昆士蘭那種親緣關係相近但更可怕的刺樹（*Dendrocnide moroides*）的尖刺（見圖15）。禾本科植物的葉片含有矽結晶，一方面較難消化，一方面也會磨損昆蟲的大顎和哺乳類動物的牙齒。沙馬鞭屬植物原生地是北美洲西部海岸，沾在它有黏性的葉片表面上的沙子也發揮類似功能，讓想要啃食葉片的毛蟲打退堂鼓。

其他植物的葉片和莖幹中充滿各種有毒化學物質。我們在美食中享受的澀味和辛辣味，其實來自植物體內的化學物質，這些化學物質對潛在的植食動物而言，本質上是有毒的。人類的歷史和文學充滿有毒植物的紀錄。蘇格拉底喝了毒參的汁液，它富含致命的哌啶生物鹼。馬克白的士兵用顛茄甜蜜的果實做成酒，給進犯的丹麥人下毒。蓖麻含有蓖麻毒素，只要少量即可致命，美國和蘇聯都曾

圖 15 澳洲昆士蘭的刺樹

能把人刺到渾身劇痛、虛脫無力，足以令植食哺乳動物（還有從經驗中吸取教訓的人類）退避三舍。儘管如此，至少有某些昆蟲似乎對這些刺免疫，仍然把葉片啃得坑坑洞洞。（來源：Jaboury Ghazoul）

用它當軍事武器。

植物毒素是二次代謝物（secondary metabolite），二次代謝物就是與植物生長、發育或繁殖都無關的化合物，作用是保護植物防禦植食動物和微生物感染。澳洲的桉樹（尤加利樹）會製造單萜烯（monoterpene），這種成分能有效遏止鬃尾袋貂；美國西部的三齒葉灌木（creosote bush）擁有酚醛樹脂，能減少沙漠林鼠的啃食；北美洲北方森林的樺樹運用一種獨特的酸（papyriferic acid）來驅退雪鞋兔。植物也使用各式各樣的生物鹼、酚和單寧來保護葉片不被昆蟲啃食。儘管某些二次防禦化學物質根本就有毒，其他的則只是讓植物組織較為（雙重意義上的）「難吃」，而植食動物會學著避開它們。有毒化合物能減少遭受植食動物食用的情況，卻得耗費很多資源製造。擁有高濃度二次化合物的植物，比起沒有化學防禦力的植物，生長速度往往較慢。

不論物理或化學防禦，植物會大幅度減少植食動物攝食的種類，或至少減緩攝食速度。對殷殷盼望的植食動物而言，看似物產豐隆的地景，反倒更像綠色沙漠。與動物的需求相比，植物含有的營養價值也相對低。動物組織內的氮大約是植物組織的十倍，因此植食動物必須從牠們所需營養素相對不足的植物身上獲得氮。植食動物光是為了滿足氮的需求，就得吃下大量植物，遠超過供應能量所需要的量。這種對植物生物量的大量需求，代表植食動物會讓世界快速變枯黃，但顯然事實並非如此。相反地，植食動物花在食用植物組織上的時間和體力，使牠們曝露在掠食者面前，也比較沒時間繁殖後代。這兩個因子都讓植食動物的數量維持在不太高的數字。

如果這個理論正確，那麼藉由施肥來增加植物的養分含量，應該就能供養更多的植食動物生物量。在荷蘭施用於石楠荒原的肥料確實讓石楠甲蟲（heather beetle）的昆蟲變多了，這使得石楠不再雄踞地表，酸沼草（purple moor grass）有機會在植群中擴張。正如同「由上而下的控制」，這個結果也沒有減少整體的植物生物量，只是將植群組成推向較難入口的那些物種。

專食性動物

植食動物因應植物的防禦措施，發展出解毒或繞過植物毒素的機制。有鑑於植物五花八門的毒素，植食動物也不可能全都破解，因此牠們若要演化出因應之道，往往是專攻特定幾個植物類群，或甚至鎖定單一物種。朱砂蛾的毛蟲只吃千里光（ragwort），但這種植物卻會讓馬和牛變得衰弱，甚至死亡。朱砂蛾毛蟲取走千里光的毒素來保護自己免於遭到鳥類獵食，並藉由身上鮮豔的黃黑色條紋宣揚自己不可食用（見圖16）。植食脊椎動物也同樣演化出對付特定植物類群毒素的能力，因而食物選項局限於這些類群。澳洲的無尾熊只在充滿單萜烯的尤加利樹上用餐，除了牠們，沒有幾種動物能駕馭這種樹。

植物的毒素解釋了為什麼多數植食動物不吃大部分的植物，但是專食性植食動物，又為什麼不把牠們能吃的植物吃乾抹淨呢？對於專食性植食脊椎動物而言，毒素為攝食量設了上限。植食動物必須避免使自己的解毒系統飽和，當系統

圖 16 朱砂蛾幼蟲

如朱砂蛾幼蟲等專食性植食動物已演化出克服植物防禦的能力，因此能獨享對其他動物有毒的植物。（來源：Rob Knell）

飽和後，牠們便會自動調整處理食物的方式來限制攝取量。例如，若是被迫食用保護力較強的尤加利樹種，無尾熊吃下的樹葉量就會大幅減少。

既然除了專食性植食動物，大部分的植物物種對於任何植食動物都有毒性或是難以下咽，人類的飲食習慣怎麼能如此包山包海呢？說實話，我們吃下肚的許多植物確實有毒，其中一些如果是原始野生狀態的話，毒性還很強，然而經過數千年的植物育種，我們揀選出最適於食用的種類。就連日常熟悉的蔬菜，包括茄科的馬鈴薯和番茄，其原始的野生狀態都有劇毒。相較之下，我們的近親在選擇植物當食物時非常挑剔。山地大猩猩所吃的食物，在森林植物的總數中只占極小的百分比，而且牠們會完全不碰某些數量最多的植物。

所以為什麼世界是綠色的？地球陸地表面的綠，源自「由下而上」和「由上而下」兩種過程的綜合作用，另外還包括氣候和其他環境因素，這些共同掌控植食動物攝食的速率。這兩種過程連袂出現的狀況，在熱帶森林中明顯可見：掠食者限縮了植食昆蟲的數量，而這些昆蟲吃的是在林間孔隙快速生長的植物；與此同時，森林下層植被的樹蔭深處，「由下而上的作用」主宰一切，生長緩慢的植物將資源投注在葉片的防禦，限制了植食動物的活動與數量。整體而言，對於維持綠色世界，「由上而下的作用」或許沒有「由下而上的作用」重要，但只是因為前者影響的不是植物的生物量，而是植物的特定組成。「由下而上的作用」是最廣泛適用的解釋，能說明植食動物為什麼沒有摧毀所有植物；這套說法是如此合理，甚至可以將英國詩人柯立芝（Samuel Taylor Coleridge）的名詩句「水，四面都是水，卻沒有一滴能飲用」，改寫為陸地版的「食物，四面都是食物，卻沒有一口能食用」。

為什麼有那麼多的物種？

蘭比爾山（Lambir Hills）位於馬來西亞砂拉越州（Sarawak），是坐落在赤道以北不遠處的森林保留區。此地光是在五十公頃的土地上，就記錄到一千零八種樹種。相較之下，美國和加拿大總共只有大約七百種樹種。我們在許多動物類群中，也同樣發現熱帶的物種豐富度較高的樣態，包括爬行動物、魚類、鳥類、哺乳動物和無脊椎動物。愈往溫帶地區走，物種數量愈少，愈靠近北寒林區更是如此。為什麼熱帶有這麼多物種？為什麼離開熱帶後，物種數就相對少了？

要探索全球物種的分布樣態，我們得脫離生態學領域，跨足生物地理學和演化生物學等學科。這很可能涉及氣候以及氣候造成的不確定性，而且是放大到物種演化的時間尺度來看，在這段時間內，種化（speciation，指產生新物種的演化過程）和滅絕都曾上演。其中一些解釋推測，地質時間尺度上的氣候不穩定性，會增加滅絕率並限制種化的可能。熱帶地區氣溫較高且氣候變化較微弱，為熱帶的物種豐富度提供了有趣的演化學與生態學解釋基礎。丹．詹森（Dan Janzen）主張，對於不適應低溫環境的熱帶生物而言，高山隘口是更難跨越的障礙。另一方面，高緯度地區的物種每年都會暴露在寒冷的氣溫下，在生理上氣溫耐受範圍更廣，因此跨越山隘時的難度較低。詹森以這個推論主張，熱帶物種的活動範圍較小，受限於生理上的氣溫耐受度，這種限制創造了族群隔離和趨異演化的機會，進而加速種化發生。

生態學對物種豐富度的解釋，聚焦於物種共存的機制，因為這些機制在物種多樣性較高的區域中更加普遍。這讓我們回到一個問題：熱帶森林如何在五十公頃的範圍內支持超過一千種樹種。這並不是說溫帶棲地的物種豐富度都很低。歐洲的石灰質草生地在一平方公尺的草地上，可發現超過四十種草本植物。生態學相關的問題是，這麼多的物種——無論是熱帶森林的樹木還是溫帶草生地的草本植物——如何共存？因為尤吉．高思的競爭排斥原理不允許這樣的狀況發生。

這個難題的其中一個解答是，物種會藉由特化（specialization，指生物為適應特定環境或食物來源，在形態、生理或行為上產生差異化的現象）來避免競爭，很類似羅伯特．麥克阿瑟研究的林鶯在同一棵樹的不同位置捕食昆蟲。依照不同環境和資源梯度而特化，就能避免競爭。一個棲地能夠支持更多的專棲型物種（specialist species），每個物種的需求狹窄且重疊最小，而不是支持那些具有廣泛重疊生態棲位的廣棲型物種（generalist species）。

透過特化實現共存，引起這樣的問題：是否有充足的生態棲位來支持在任何一處出現的大量物種。整體來說，物種擁有令人眼花撩亂的特徵，這些特徵支持其生長、生存和繁殖。例如，森林中的樹種對光照條件、土壤水分和養分可用性、植食動物壓力，以及干擾事件的生長和生存反應不盡相同。樹木也有不同的更新策略，有些樹種產生少量大型種子，另一些樹種選擇產生大量小型種子。策略及其相關特徵之間的取捨，防止任何單一物種在所有環境條件下占據優勢地位。多重條件的取捨之下，創造了物種之間的多種策略，而環境和生物的變化則創造一系列可應用這些策略的機會。一棵倒下的樹在森林冠層中創造孔隙，改變了光照和土壤環境、枯落物層的深度、降水截留和滲透、微氣候以及從冠層到林床的生物相，而且從孔隙的中心到邊緣也不同。森林冠層孔隙因此包含了許多微棲息地，每個微棲息地根據光照、土壤和生物相的變化而略有差異。許多不同樹種的樹苗，最初偶然在這些森林孔隙微棲地建立，但很快根據其特徵適應當地光照、土壤和微氣候條件，以及競爭交互作用的程度，產生不同的生長表現分布。微棲地多樣性依其適應特徵和取捨關係，為物種多樣性分布奠定基礎。

有鑑於眾多環境和生物梯度的各種可能組合，存在大量潛在的生態棲位，因此也提供許多機會給眾多專棲型物種。在實務上，以樹種特徵組合為基礎，直接將其分布與細尺度的複雜環境變化聯繫起來，往往相當困難。當地環境條件可反映樹種的表現和生存可能性，但精確度相對較低。細尺度的生態棲位分化，可能只是解釋大量物種共存的部分原因。

密度依變

正如同競爭排斥原理是生態學的中心教條，密度依變也是。因此學者以密度依變機制解釋熱帶的物種豐富度，也就不令人意外。一九七〇年代初期，丹・詹森和約瑟夫・康奈爾在獨立研究的情況下，各自提出大量特化的植食性昆蟲或致病真菌，能以密度依變的方式決定樹苗的存活，因而維持物種多樣性。大部分種子並不會傳播到離母樹太遠的位置，因此母樹周圍的樹苗密度很高，較遠處的密度則更低。簇擁在母樹附近密密麻麻的樹苗，很容易成為特化植食動物和病原體的攻擊目標，牠們隨時都會從母樹轉而取食或感染周圍的樹苗（見圖17）。因此在母樹或其他同樹種附近的樹苗，都得拚命掙扎才能發育成熟。遠距離傳播讓樹苗能逃過害蟲和病原體（見圖18）。傳播狀況較理想的種子，會在其他樹種的樹苗之間落地生根，在那裡，與母樹的距離遠，加上同樹種個體的密度低，讓它們有更好的機會避免受到特化植食動物或致病真菌注意。這促進局部區域混雜各物種的情況出現，並傾向於降低同物種樹苗高密度聚集的狀況發生。

詹森—康奈爾理論的關鍵假設是，熱帶植食動物（和病原體）都是專食性物種，而溫帶地區的群落則較沒有這種現象。如果廣食性植食動物占多數，那麼種子傳播的距離和密度失去優勢，因為以鄰近樹木為食的任何廣食性植食動物都

圖 17 東馬來西亞一片有如濃密地毯的黃柳桉（*Shorea gibbosa*）樹苗
這片樹苗很容易遭受植食動物和樹苗病原體攻擊，其中能存活下來的寥寥可數，甚至將全軍覆沒，而傳播得較遠、較分散的樹苗，大概能逃過害蟲和病原體的荼毒。（來源：Jaboury Ghazoul）

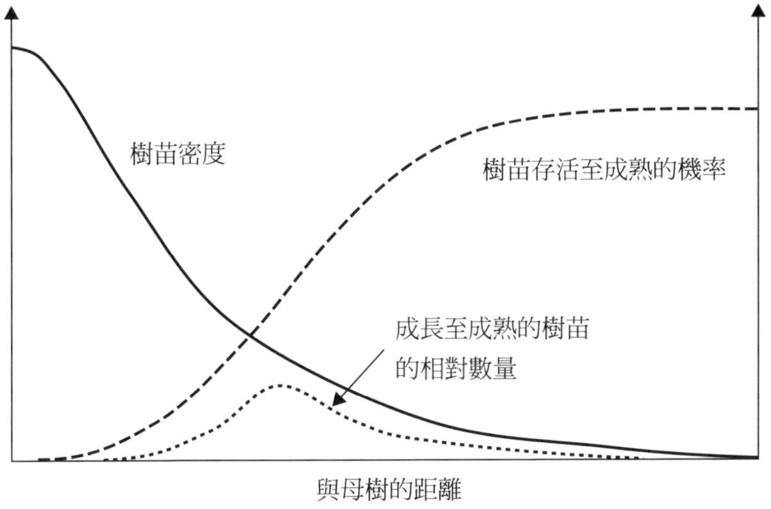

圖 18　詹森—康奈爾假說／天敵假說

該假說認為，離母樹距離不遠不近時，樹苗的存活數量最高。多數種子落在母樹附近，但它們遭受植食動物和病原體攻擊的風險較高，這幾乎會毀掉所有種子和樹苗。中距離的存活率最高，因為這位置仍會有些種子落下，但病原體和植食動物的威脅較低。

會攻擊這些樹苗。新幾內亞偏遠熱帶森林中，有關植食動物及其寄主植物（host plants）等煞費苦心的研究顯示，大部分的食葉昆蟲並不是絕對的專食性物種，而是以某個屬或某個科之下親緣關係相近的幾個寄主物種為食。這樣寬鬆的食性特化削弱了密度依變效應，卻也未令它完全失效。其他研究記錄了中美洲種食性昆蟲的寄主專一性（host specificity），發現專一性非常高；根據紀錄，百分之八十的昆蟲各自只在一種植物的果實上出現過，而且一半以上的樹種頂多只受到兩種昆蟲攻擊。儘管詹森－康奈爾模型不太可能適用於所有情境和地點，它至少為熱帶樹木的局部多樣化提供了部分解釋。

棲位特化和密度依變這兩種過程，都能作為某種程度的證據，為物種共存提供解釋。兩者並非互斥，事實上也很可能與其他因子——例如能量生產力過程或干擾——共同運作，而呈現如此高的物種豐富度。正如同生態學中許多議題一般，這其中也有不止一種生態學和演化學的機制在發揮作用。

生物多樣性：它有什麼好處？

二〇一九年初，跨政府生物多樣性與生態系科學政策服務平台（Intergovernmental Science-Policy Platform on Biodiversity and Ecosystem Services, IPBES）發表了一份報告，悲嘆全球物種正持續大規模流失，呈現的狀況包括族群減少、許多地區整個族群消失，最糟的是該物種全球性滅絕。該報告估計，目前的滅絕速率，與地球上沒有人類的假想狀況相比，要高出一千倍。然而世界上有超過六萬種喬木，超過三十九萬一千種維管束植物；有紀錄的昆蟲物種數量是九十二萬五千種，不過根據估計，總數約在五百萬種左右；真菌大概也超過五百萬種。我們需要這麼多物種嗎？是否有任何生態學上的論述，能證明擔憂生物多樣性下降、多元豐富生命減少是合理的？

回答這問題的第一步，是先釐清物種有什麼功能。生態系功能（ecosystem function）是指生物相對環境發揮生物性、物理性和化學性作用，包括能量、養分和物質在環境中流動。與此相關的則是生態系服務（ecosystem service），亦即對人類福祉有益的自然過程，例如授粉而製造糧食、土壤中的養分循環、截留降雨和減緩水流而降低洪災風險、植物吸收空氣中的二氧化碳而減緩氣候變遷，以及提供休閒放鬆的宜人環境增進我們身心健康。生態系功能和生態系服務源於物種與其環境間的交互作用。如果生物多樣性決定了生態系的功能與服務，那麼展現出這樣的淵源，並且將生物多樣性與具體的人類利益扯上關係，就能成為維護生物多樣性的強力論點了。

有鑑於自然群落的複雜，以及其中繁多的物種，生態學家將具備相似特徵和生存策略的物種分入同樣的功能群（functional group）。以植物而言，功能群的分類包括固氮植物、一年生草本植物、常綠灌木等。在凍原生態系，多數維管束植物可以分為四個功能群：常綠灌木、落葉灌木、禾草（禾本科植物與莎草科植物）以及非禾草草本植物。在熱帶系統則有許多額外的植物功能群，包括生長快速的早期演替喬木、競爭力強的冠層樹種（canopy tree）以及藤本植物。植食動物的功能群包括遷徙性食草動物（很多都是有蹄動物）、定棲性食草動物（食葉昆蟲）、食嫩植動物（鹿或長頸鹿）、食木動物（白蟻和大象）、食根動物（昆蟲和哺乳動物），還有各種在莖上鑽洞、葉上挖坑、製造蟲瘻或吸吮樹汁的昆蟲。這些功能群各自以不同方式貢獻生態系功能。

植食動物和分解者有助於養分循環，授粉者和種子傳播者則促進植物繁殖。

功能冗餘性

達爾文注意到，草生地上由多種草種混生，能比單一物種生產更豐足的草葉。物種間不同的扎根深度，使得土壤被利用的深度範圍也更廣。這是棲位互補（niche complementarity），在複雜的環境中，各物種利用不同資源，整個功能群共同增進取得資源的效率，因而提升生態系功能。儘管有棲位互補作用，功能群中的物種所發揮的功能仍會重疊。因此至少就某程度而言，在相同功能群內，某物種可以被另一種物種取代。棲位互補主張物種豐富度是增強生態系功能的必要條件，而透過物種可取代性或冗餘性（redundancy）則顯示狀況並非如此。我們需要了解在棲位互補和功能冗餘性的脈絡下，生物多樣性是如何影響生態系功能。粗略的推論可能假設生態系功能會隨著每個新物種而供應得更充足，每個物種都以自己獨特的方式作出貢獻。事實上，物種間的冗餘性表示，儘管每個新物種都伴隨著互補性，因而增進功能表現，邊際效益卻也開始與物種間愈來愈高的冗餘性互相抵銷，直到再也沒剩下任何效益。要是我們將此過程逆轉，在一個物種豐富的群落中有冗餘的物種，表示我們（至少在一開始）可以失去一些物種，而不會失去太多功能。

功能群內的冗餘性提供保障。失去某些物種沒關係，只要同功能群的其他物種增加活動，就能彌補起來。物種過剩也提高機率：無論發生任何可能擾亂群落的災變，至少都有些物種能挺得住。此外，單就機率而言，大量物種也更可能包含繁殖力特別強或特別有韌性的物種，當面臨外在的干擾時，這些物種會持續提供生態系功能。在生態學上攸關更重大的部分在於，使用相同資源的物種，其最適合的環境條件很可能不盡相同，而這一點放在季節分明或是變化多端的環境中，就有助於達到互補的功效。

生態學家一直在用試驗測試這些想法，而他們使用的首要工具就是田野試驗。已有數不清的田野試驗試圖測試物種多樣性能提升生態系功能的理論，在試驗中通常是用群落生物量的增加幅度來測量生態系功能。這些試驗混合設置各種組合的植物物種，有些物種數少，有些物種數多（見圖19）。過一段時間，研究人員再測量這些區塊的生產力。他們預期物種數最多的區塊會產出最多生物量，因為棲位互補的關係，另外也可能剛好納入了繁殖力特別強的物種。這類試驗大多顯示生產力確實隨著物種多樣度而提升。然而這種相關性減弱的速度也相對快速，顯現的趨勢是每增加一個物種，生產力的收益都漸漸走下坡。這種情況一直持續，直到收益降到零，以致於大雜燴中再新增的任何物種，在功能上都是冗餘

圖 19　明尼蘇達大學於 1994 年「大生物多樣性」（Big Biodiversity）實驗時，設置的混合物種試驗田地，藉此評估物種多樣性與生態系功能之間的相關性。（來源：Forest Isbell）

的。由試驗可以看出，這種生態系功能的飽和會發生在相對少數的物種間，而且是遠比在自然界發生飽和時要少的物種間。看起來，大自然中充滿冗餘物種。

大部分試驗聚焦在生產力和生物量的提升。我們猜想有很多其他生態系過程的表現，是因為物種數量增加而改善。例如養分的回收受益於不同物種扮演不同功能的角色，有些扯開大塊木質碎片，有些撕碎葉片，有些咀嚼木質素和纖維素，有些用化學物質分解和消化植物碎屑，再加上對土壤的生物擾動（bioturbation），讓有機物質重新分布。咀嚼者、撕碎者、消化者和搬移者都是功能群，各有許多物種代表。不過就每個功能群而言，物種數似乎都多得遠超出必要，提供完整可行的養分循環服務是綽綽有餘。

冗餘帶來穩定

對人類來說，有鑑於我們對生物多樣性造成的衝擊，這種大量的功能性冗餘倒是讓人鬆了口氣。然而物種庫從來就不是靜止的，考慮到變動的環境及流動的資源、季節和干擾，物種或多或少可謂是勝利者。在任一功能群裡，大量物種可作為針對環境變動的緩衝或保障，因為這些變動對其中一些物種有影響，但不太可能擴及全體。我們預期冗餘能帶來穩定。

形形色色的物種，讓群落即使面臨變動的環境條件和干擾，也能興盛繁榮。多樣化的群落更有能力抵抗入侵種，因為（據推測）入侵種在物種豐富的群落很難立足，那裡的現成資源都已被原生種仔細瓜分和搜刮殆盡了。在物種豐富的群落中，分布範圍更廣的特性表示整個群落能夠窮團隊之適應力來應付環境逆境。物種的組合類似金融產品的投資組合，將風險分攤開來，與各種投資類型和機制交叉比對。多樣性在變動面前提供韌性。

複雜系統中的穩定

物種豐富的生態系，攝食方面的交互作用五花八門，複雜得令人眼花撩亂。即使是已經簡化過的北大西洋海洋生態系食物網，也是一團亂無章法的連連看（見圖 20-a）。仔細探究可以發現幾條主要管道，大部分能量沿著這些管道流動，起點是植物和光合浮游生物等初級生產者，終點是頂端的掠食者。我們可以有點取巧地將複雜的北大西洋食物網濃縮成這些主要管道，重新畫一張圖，變成海豹吃鱈魚，以及海豹和鱈魚吃「其他生物」（見圖 20-b）。就能量與養分流動的角度來看，這個極簡版的食物網公允地抓到了原本相當複雜的北大西洋食物網的本質。這表示假如我們的目的是了解大規模的能量與資源流動，食物網中其實有許多冗餘存在。忽略網中的小連結和邊緣物種，能使我們更容易建構出漁業生產力的模型。

然而結果證明，我們可能急於忽略的支流和邊緣物種，卻是穩定食物網的重

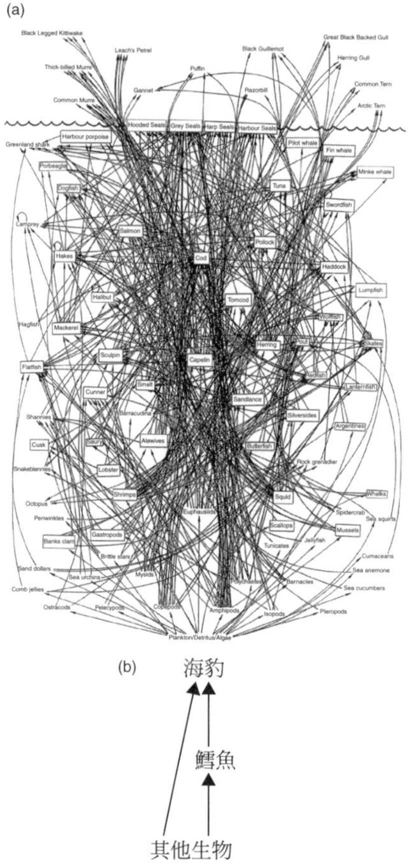

圖 20　北大西洋食物網的兩種示意圖，（a）是簡化版，（b）是極度簡化版。（來源：Lavigne, D. M. 2003. 'Marine Mammals and Fisheries: The Role of Science in the Culling Debate', pp. 31–47 in *Marine Mammals: Fisheries, Tourism and Management Issues* [N. Gales, M. Hindell and R. Kirkwood eds.]. Collingwood, VIC, Australia: CSIRO Publishing, 446 pp. Reprinted with permission）

要角色。眾多交互作用輕微的物種，整體發揮了對抗優勢物種數量波動的力量。若是沒有這些次要物種，一個單純的食物網便會任由劇烈波動影響，類似北極凍原的旅鼠。這些交互作用輕微的生物之間，因為挪用一部分資源，便抑制了資源可得性或消耗量的變動幅度，因而穩定住食物網，實質上也算是穩住了整個群落。

我們在這之中可以學到寶貴的一課。在管理自然資源和生態系時，把注意力局限在優勢物種上是不夠的。我們也該當心失去那些較稀少和較不顯眼的物種。這類物種集合起來，能為生態系緩衝外在的干擾和內部的波動，同時藉由互補性和冗餘性持續提供人類所依賴的生態系功能和生態系服務。

生態學家經常聽到這個提問：人類究竟需要多少生物多樣性？這種問法流露出對大自然徹底的人類本位主義功利觀點，大部分生態學家（或許大部分人類）都會反感。姑且先將感受問題放一邊，答案是沒有精確的數字，但生態學研究建議生物多樣性是多多益善。當然，地球上生物的豐富度其價值遠不止於為人類所用，因此環保政策與行動也應該符合保育倫理，而不只是著眼於實用利益。

第六章

應用生態學

我們最艱鉅的挑戰主要是環境問題：氣候變遷、生物多樣性流失、土地劣化、汙染與塑膠、氮沉降、入侵種，這一連串的問題，都是身為地球一分子的我們必須從現在著手處理，並在未來數十年都得操心。這些問題的規模之大，也是由愈來愈多的人口和財富所堆積而成。早有人針對這些議題提出警訊。奧爾多．李奧帕德和瑞秋．卡森（Rachel Carson）等許多學者，都建議我們將生態學原理套用在土地管理和社會政治系統中。整體而言，我們並未這麼做。沒有這麼做的原因有很多，不過其中一小部分理由是，我們的生態學知識發展得不夠充分，無法提供適合指引管理的概念性和方法性工具。而面臨當前如此難堪的環境問題，更大一部分原因出在全球主流社會經濟與政治體系的運作方式，不過這話題不在此書討論範圍。

應用生態學

許多處理環境問題的原則、概念、理論、模型和方法，都是以生態學為基礎。應用生態學的目標是根據生態學理論發展管理選項、提出可行的改革路線，以及評估各種結果，致力於找到實際的環境解決方案。我們將生態學知識應用在模擬再生資源，例如水產或木材，示範如何取用這些資源而不減損長期生產力。應用生態學也涉及希望防治的物種，包括農業害蟲和雜草、入侵種及動植物疫情。同樣地，我們也用生態學理論和方法來保護我們珍視的物種，不論是透過保育行動或管理棲地。

自然界提供各種對人類有利的服務，包括授粉、水文調節、養分循環，以及碳封存（carbon sequestration）。管理環境以維護生態系服務，能將應用生態學領域延伸到更大的地景尺度。這涵括了管理森林、農業生態系、牧地、泥炭地、山區、海濱與海景……在地景條件下，我們必須處理的過程不但跨越空間尺度，也跨越時間尺度，從短期的族群量波動和劇烈干擾，到較長期的土壤肥沃度、棲地組成或氣候變遷。

應用生態學家彷彿在人類行為與環境結果的交會點工作，而應用生態學的本質是跨領域。生態學理論和原則建議採用符合生態學的管理方式，可是到頭來，執行管理決策的人是農民、林務官、企業和政治人物，他們全都有自己的考量、需求和優先順序。要了解環境決策與規畫，應用生態學必須與其他（往往南轅北轍的）學科打交道，例如經濟學、政策、倫理學、行為心理學、數學以及環境法。因此在管理中使用和執行生態學，其實比生態學給人在科學上的想像，要更複雜棘手。用生態學方法管理，會考慮到生物與其環境間的交互作用，也會考慮複雜地景中整個時空的回饋，但最重要的是，也必須以人類為中心考量需求、設定基準的情境下執行。這使得應用生態學在廣義的決策方面，可謂是生態學整個學科中最複雜且最有挑戰性的部分，同時也最不可或缺。

最大持續生產量

生態學理論運用在建構族群動態的模型上，藉此就能估算持續收穫量。水產學家使用模型來提出限額與漁獲努力量（fishing effort）方面的建議，來確保漁業能穩定永續。生態學理論解釋，當野生物種的出生數等於死亡數時，表示其數量達到其環境承載量（環境能供養最多的族群量）。減少族群量能緩和對資源的密度依變式競爭，使族群量回彈，重新上升到環境承載量的上限。數量微幅減少只會稍微降低密度，因此出生率大於死亡率的盈餘也很微小。族群量銳減能大幅度減輕競爭，但由於剩下的族群規模很小，出生數也勢必相對較低。在這兩種極端之間，有一種狀況是族群規模大到能產生許多新生個體，又小到使競爭減少而降低死亡率。假設只考慮密度依變式的調節，當族群規模恰好落在環境承載量的一半時，出生數和死亡數的差額最大。這樣的族群規模中，成長率是最高的，我們應該可以將出生數減掉死亡數後得出的「最大盈餘」收取走，並預期整體而言這個族群不會發生什麼變化，它會永無止境地繼續產生這樣的盈餘。

這樣的收穫等級就是所謂的「最大持續生產量」。以這樣的基礎去管理再生資源很誘人，而漁業也經常如此執行。收取最大持續生產量的前提，是假設我們對族群規模和密度依變的成長率很有把握。如果建議的收取量設定得稍微高過最大持續生產量，被收取的個體將年復一年地多於族群產出的盈餘。整個族群將會萎縮，起初可能很慢，但會愈來愈快，終致滅絕。如果收取的量低於最大持續生產量，族群會在較高的數量平衡，達到穩定狀態，不過產出的盈餘會比較少。

這一切使我們假設，被收取的族群是個封閉系統，除了內部的密度依變式調節之外，不受任何因素影響。然而，生態系可能屬於任何分析尺度，決定和影響它的過程規模大得超乎想像。其中一項外在現象是聖嬰現象（El Niño Southern Oscillation，又譯聖嬰南方振盪現象），這是反覆出現的氣候事件，會在海水表面溫度上升之後，改變海洋湧升流的模式，造成南美洲沿岸海域大量養分的耗竭。一九七二年的聖嬰現象使秘魯鯷魚的漁業崩盤，直到一九九〇年代都未走出低谷。根據一個未考量到這種波動因素的模型，而始終以最大持續生產量捕撈，導致秘魯鯷魚數量恢復遲緩。

鱈魚

即使假設由密度依變調節、達到環境承載量平衡的狀態，也經常不可信。這種方法一次只考慮到一個物種，沒有納入群落中物種間的交互作用。

以鱈魚為例。一四九七年，「在岸邊密密麻麻到我們幾乎無法划船通過」的魚，真的妨礙了探險家約翰·卡伯特（John Cabot）沿著紐芬蘭岸邊前進。從船邊垂放到水中的籃子，片刻後再拉上來已經裝滿了魚。大約四百年後，赫胥黎（Thomas Henry Huxley）在一八八三年倫敦漁業博覽會（Fisheries Exhibition）發表開幕詞，信心滿滿地說：「那麼，我相信包括鱈魚業、鯡魚業、沙丁魚業、鯖魚業，以及很可能所有海洋漁業，都是取之不盡、用之不竭的。」又過了一百年的一九九二年，紐芬蘭大淺灘（Grand Banks）旺盛的鱈魚業就垮掉了。問題出在哪裡？

鱈魚的食物是較小的魚類、魷魚和螃蟹，而牠們的食物是浮游動物，浮游動物的食物是浮游植物。浮游植物的產量取決於來自海洋深處的營養物質湧升流，而浮游植物數量的變化最終影響了靠近食物網頂端的鱈魚。額外的回饋又進一步把問題變複雜：年幼的鱈魚會被某些魚當食物，而這些魚又會被成年鱈魚當食物。捕撈成年鱈魚會讓這些「中階掠食者」擺脫獵食壓力，因而在幼年鱈魚身上施加更大的獵食壓力。中階掠食者變成頂級掠食者，獵食幼年鱈魚的行為阻礙了鱈魚數量的回升。西北大西洋海域的鱈魚仍堅韌地存在，但數量不足以供應大型漁業，且自從一九九二年暴跌後，族群量就不見起色。可以說西北大西洋的海洋生態系已翻轉為另一種狀態，受到抑制幼年鱈魚數量的中階掠食者主導而無法復原。食物網現已重新建構為自給自足的新狀態，阻止成年鱈魚重新回到食物鏈頂端。

估算漁業資源量（fish stock）勢必很有難度，不過現在的生態學家擁有非常先進的系統可以監測和建立模型。最重要的是，生態學家也已認知到，建立在密度依變過程的封閉模型並不足以呈現出族群量波動。新的模型納入了食物網的交互作用，並估算獵物和掠食者雙方物種數，以及我們有興趣收取的物種數。他們考慮氣候變遷和影響養分的天氣模式。水產學家也將可能演變為負面狀況的回饋量化。高效能運算技術的進步有助於分析這些資料。

複合物種（multi-species）分析方面的進步，勢必也需要更多量化資訊輸入到模型裡。然而攸關漁業管理成敗的不只是容易出錯的模型，也包括從政者和業界人士是否願意接受和遵守漁業生態學家的建議，並且真確地回報捕撈數字。漁業規範設定了捕撈漁獲限額，或是藉由限制船隻數量、捕撈天數或使用設備類型來控制漁獲努力量。這類限制容易引起政治爭端，因為會減少漁業的潛在收益，衝擊漁民生計。此外要強制執行也很困難。大量捕獲的魚類（包括未成熟的鱈魚）都倒回海中，牠們若非市場價值太低，就是不屬於該漁船的目標魚種，他們沒有捕撈許可。混獲（bycatch）再加上不正確的漁獲報告數字，都減損了漁業模型的可信度。因此未來的漁業管理不能完全依賴生態學理論和模型，而必須在生態學之外，也從社會學角度理解政策制訂者和漁民的行為反應。

入侵種

外來入侵種在陰錯陽差或無心之過下，被引進不屬於其正常範圍的地理環境，已造成巨大的環境和經濟傷害，尤其是在島嶼上。由於與世隔絕，一般而言島嶼上的物種不多，但相對而言，其他地方看不到的特有種（endemic species）會特別豐富。這些特有種受到保護，不像大陸上規模遠遠更大的生物群落那麼競爭激烈，尤其容易淪為入侵種的受害者。現代滅絕的物種中，將近百分之六十發生在島嶼上，很大部分都源於入侵種的衝擊。

查爾斯・艾爾頓在他一九五八年出版的著作《動植物入侵生態學》中，便認知到外來物種的威脅，他在書中描述了人類以什麼方式、何種程度去促成動植物的入侵。艾爾頓試圖釐清在生物入侵過程的不同階段，有哪些生態因子構成協助或阻礙。有鑑於我們對「調節性壓力」的所知，亦即外來種在其原生地受到的掠食者、競爭者、寄生蟲和疾病威脅，許多外來種能成功或許也是意料中的事。在其原生群落中，有與引入種旗鼓相當的物種以其為食或與其競爭，因此外來種的擴散和衝擊大概會受限。然而外來種在引入地往往擁有優勢，因為不再面臨原生地掠食者和競爭者的威脅。擺脫這些敵人使其能夠快速擴散，而且經常是以原生種（native species）為代價。

早期針對控制島嶼上入侵種所作的努力，經常以災難收尾，原因是不夠留意基礎生態學。入侵種隨著其掠食者一同演化，因此引進掠食者或許能減少某個入侵種，但不太可能完全消滅。引入的掠食者反而更可能發現原生種是更容易得手的獵物，因為牠們不曾面對過這些引入的掠食者。這使得懵懂的原生生物相有極高的滅絕風險。因此，釋放貓、狗或獴來控制入侵的鼠群時，對目標鼠群的數量影響不大，但牠們卻毀掉了許多原生種。十九世紀為了控制牙買加甘蔗田的齧齒類動物而作的努力，留下一長串的災難紀錄。首先，他們引進歐洲紅林蟻來驅鼠，不但沒有效果，反而螞蟻本身很快也成了另一個問題。從美洲內陸引進來消滅老鼠和螞蟻的海蟾蜍也成為有害野生動物，而螞蟻和老鼠依然猖獗。最後，農民找印度獴幫忙控制老鼠和蟾蜍。獴發現原生鳥類是更容易得手的獵物，結果製造出一串新的問題。

儘管我們現在對「掠食者─獵物」的動態有了更佳的生態學知識，卻未必總能有效運用。控制計畫經常缺乏生態系觀點，未考慮到群落中物種之間的營養和競爭交互作用，於是我們仍持續為結果而愕然。二〇〇〇年在西太平洋的熱帶小島薩里甘島（Sarigan Island）上，一座受到威脅的原生森林裡，成功移除引入的山羊和豬，造成了不幸但隱然可預期的後果：入侵種葫蘆盒果藤（*Operculina ventricosa*）擺脫了遭到啃食的壓力，在原生森林中四處蔓延。無獨有偶，原本受到忽略的引入小鼠在大鼠被消滅後出現爆發性成長。移除引入的掠食者、競爭者或植食動物，可能導致另一個原本受到抑制的外來種增加，而付出的代價就是原本就在消失中的原生種。

妥善研究過整個群落中的物種交互作用再作出根除計畫，則獲得較大的成效。二〇〇六年新喀里多尼亞（New Caledonia）昂特卡斯托堡礁（Entrecasteaux Reef）間的驚奇島（Surprise Island），在移除入侵的黑鼠之前，學者先花了四年研究島上的動植物，以確認鼠群對原生種的影響為何，並查出尚有哪些引入種，例如小鼠、螞蟻和植物。該研究納入植物和脊椎動物調查、食性分析、食物網特性分析，以及製作族群動態模型。建立受侵入生態系中營養關係的模型後，可看出光是移除大鼠，將釋出一小批外來種小鼠族群。因此這兩種齧齒類動物都被移除了，目前為止，驚奇島上沒有發生令人不樂見的「驚奇」事件。

控制陸塊上的入侵種挑戰性更高，徹底根除幾乎是無稽之談。偶爾發生的遠距離播遷也可能觸發遠離原生地的新事發地。位於擴張邊界的入侵生物甚至會演化出更強的播遷能力，使其能更快速地拓展到新的地區。穿過澳洲北部往西擴散的海蟾蜍（見專欄3）演化出更長的後腿，以及持續直線移動的傾向，這讓牠們的擴散速率由最初引入澳洲時的每年五公里左右，提升到現在的每年五十公里。這使得入侵速度加快，也擴大問題規模。在這種情況下，我們就只能學著與入侵物種共存。

【專欄3：海蟾蜍】

一九三〇年代澳洲昆士蘭的蔗農遇到麻煩。甘蔗甲蟲正在摧毀他們的作物。不知誰先傳出的說法，有一種蟾蜍超愛吃這種破壞力強的甲蟲。一九三五年，一百多隻蟾蜍被裝在兩個皮箱裡，從夏威夷來到澳洲，引入凱恩斯（Cairns）和戈登維爾（Gordonvale）附近的蔗田。牠們對那些甲蟲視若無睹，四處亂跑，大量繁殖。現在這種蟾蜍已超過一億五千萬隻，分布在昆士蘭和北領地（Northern Territory）超過一百萬平方公里的範圍。牠們吃遍澳洲許多原生植物和動物。由於具有毒性，任何潛在的掠食者反而被牠們毒殺。除了最乾燥的地區，牠們仍持續在全澳洲擴散，而沒有什麼能阻止牠們。

害蟲管理

據估算，二〇一九年時保護農作物用的殺蟲劑，全球銷售額達五百二十億美元。如果這個估算值可信，每花一美元在殺蟲劑上可以挽救大約四美元的作物收成。藉由殺蟲劑的幫助，這些增加的收成供應了全球人口仰賴的糧食，且成本不會太高。

殺蟲劑也廣泛用來防治人類和家畜疾病傳染媒介的昆蟲。在一九五〇年代，大量的DDT用來對付蚊子，為數百萬人民降低罹患瘧疾的風險。一九六四年時在斯里蘭卡，DDT成功將瘧疾病例由上百萬例減少至三十例以下。然而，一九六二年瑞秋．卡森的著作《寂靜的春天》（*Silent Spring*）出版後，DDT就失寵了，因為這本書強烈抨擊濫用殺蟲劑，尤其是DDT。藥劑噴灑量減少了，結果到了一九六九年，斯里蘭卡的瘧疾病例數又攀升到五十萬例左右。

儘管殺蟲劑對糧食生產和疾病防治有顯而易見的好處，卡森仍揭露其潛藏的環境和健康代價。眾所皆知，她報導了ＤＤＴ是如何沿著食物鏈往上，而在動物組織中愈積愈多。鳥類，尤其是猛禽類，都遭遇了蛋殼變薄、無法生育及數量減少的最終結果。ＤＤＴ和其他殺蟲劑不光是傷害野生動物，也危及人類健康。多虧卡森的書，才啟動了全球環保運動。

農業和林業的害蟲問題，至少有部分源自於集約生產，亦即大片區域都種植單一作物或樹種。單一栽培（monoculture）對害蟲來說是天上掉下來的禮物。增加作物的種類多樣性是解決害蟲問題的明顯方式。確實，在多樣化的自然群落裡，害蟲也會攻擊植物物種，但通常首當其衝的都是最常見的物種。美國阿帕拉契山脈慘遭栗枝枯病菌（chestnut blight）全數消滅的栗樹，占了該區森林所有樹種約四分之一。即使是非常多樣化的熱帶雨林中的樹種，偶爾也會被害蟲纏上，不過同樣地，受到影響的仍只有最常見的物種。

因此，多樣性並不能保證阻擋害蟲的主要攻勢，但許多研究已顯示，多樣性絕對有幫助。我們該問的問題是，物種混合為何有助於減輕害蟲和病原體的威脅？生態學提供了幾個答案。混合種植多種農作物，表示比起單一栽培，同物種的個體間距會更寬。如果害蟲或病原體必須跨越更遠的距離，才能從易下手的宿主移動到另一個宿主，其進展就拖慢了。混合栽培也可能成為害蟲的難題，因為非宿主植物的外觀和化學特徵，會擾亂害蟲搜尋宿主的機制。

天然害蟲防治

多樣化的植群提供更豐富的資源和棲地結構，能維持多樣且數量眾多的擬寄生生物（寄生於其他節肢動物的昆蟲）以及其他害蟲掠食者。這些害蟲的天敵，能將植食昆蟲的數量壓低在不造成經濟損害的程度。光是美國的原生擬寄生生物和掠食昆蟲提供的天然害蟲防治，每年增加的收成和減少使用的殺蟲劑，等於節省約四十五億美元。綜合害蟲管理策略旨在維持足量有益的害蟲防治動物，鼓勵農民少用殺蟲劑，在田地邊緣多種開花植物（見圖21）、在農業區種植樹籬和小

圖 21　鋪展在農田間，物種豐富的野花帶

此圖攝於瑞士，這樣的野花帶能供養多樣化的昆蟲，包括許多有助於控制農業害蟲的物種。（來源：Matthias Tschumi）

塊林地，並為蟲食性鳥類準備巢箱。

混合栽培對於農業和林業而言，是否屬於可行的策略，取決於宿主的密度及害蟲散布行為間的關係，還有自然掠食者在這些環境中能發揮多大的作用。就經濟層面而言，混合栽培的門檻較高，因為管理效率和規模經濟都較低。全世界的主要作物仍持續採單一栽培，也持續使用化學殺蟲劑防治未間斷的害蟲問題，但卻付出高昂代價，連帶犧牲了授粉者和擬寄生生物等益蟲。儘管如此，綜合害蟲管理的概念——融合各種防治技巧，有些是生物性和生態性的，有些是機械性和化學性的——已廣受採用，尤其是在熱帶農業系統。這個做法已協助將許多害蟲物種減少到經濟上可承受的程度，同時也降低人們對殺傷力強的化學殺蟲劑的依賴。

敵人的敵人就是朋友

生物防治運用活生物（或病毒）來抑制特定害蟲，使牠們造成的損害降低。要控制外來入侵種，或許可以從其原生地引入其天敵（擬寄生生物、掠食者或病原體），建立自給自足的族群來抑制入侵害蟲，或至少限制其擴散幅度。好處在於能避免反覆施用代價昂貴的殺蟲劑，對環境造成長遠的負面影響。

生物防治從數千年前便已在施行。最初的文獻記載來自中國南方，兩千年前，該地便鼓勵編織蟻在柑橘園築巢來防治害蟲。直至今日，中國農民還會在柑橘樹之間搭竹橋，鼓勵螞蟻在整座果園穿梭覓食。首次刻意引進外來天敵防治害蟲的紀錄，則是一七六二年從印度帶到模里西斯防治甘蔗園內紅翅蝗的家八哥。結果這些家八哥沒吃蝗蟲，反倒更愛吃更容易得手的原生蜥蜴。說實在，驚人的生物防治大成功（見專欄4）與驚人的失敗（例如專欄3所描述的海蟾蜍案例）還真是不分軒輊。

【專欄4：紅外套、仙人掌和仙人掌螟蛾】

十八世紀大英帝國士兵豔麗的紅色軍外套，是澳洲遭到入侵的罪魁禍首——只不過入侵者不是士兵，而是一種仙人掌。一般認為仙人掌是一七八八年由亞瑟・菲利普（Arthur Phillip）總督帶到昆士蘭的傑克森港（Port Jackson），引入的目的是在新殖民地開創胭脂蟲染料產業。胭脂蟲是一種以仙人掌為食的介殼蟲，從胭脂蟲的蛹裡可以萃取出深紅色染料，染出英國士兵醒目的外套。

後續批次的引入也迅速跟進，到了十九世紀中葉，在鳥類和洪水的播散下，這種植物已遍及整個昆士蘭。等到一九〇〇年，密密麻麻的仙人掌立滿四百萬公頃的土地，而僅僅二十年後，這面積又攀升到兩千四百萬公頃。所有機械式的移除努力都只是白費工夫。在走投無路之下，一九一二

> 年成立了命名頗具巧思的「仙人掌旅行委員會」（Prickly Pear Travelling Commission），造訪仙人掌在熱帶美洲的原生地，想找出可能當作防治媒介的天敵。到了一九一四年，數種看起來大有可為的候選物種出爐了，包括仙人掌螟蛾（*Cactoblastis cactorum*）。一九二六年首次釋出的仙人掌螟蛾，結果極為成功，才過了幾年，會在仙人掌莖部鑽洞的螟蛾幼蟲已摧毀大部分茂密生長的植株。仙人掌螟蛾成為一部電影《征服仙人掌》（*The Conquest of the Prickly Pear*）的主角，而布里斯班以西三百公里左右的布那加（Boonarga）的居民，則滿懷感恩地向這種救星昆蟲獻上「仙人掌螟蛾紀念館」。

生物防治的科學與入侵物種的生物學密切相關，查爾斯・艾爾頓在前文提及的著作中也這麼表示。生物防治涉及「害蟲－天敵」的交互作用，以及目標生物族群、生物防治媒介還有人類重視的資源之間各種直接與間接的交互作用。生物性媒介會發揮最直接的防治影響力，因為牠們會獵食目標害蟲，但牠們也可能藉由對害蟲施加強烈的競爭壓力，進而減少害蟲的數量。引入澳洲的糞金龜由於能夠更敏捷地利用和散布糞堆，從灌木蠅（bush fly）手中剝奪了這項重要資源，而成功抑制灌木蠅的數量。引入阿留申群島的絕育赤狐透過競爭，成功剷除了引入的北極狐，然後牠們也從島上被移除。

使用病毒可以很成功地控制住入侵的脊椎動物，其中最為人稱道的例子是澳洲用來對付兔子的黏液瘤（myxoma）病毒。兔子演化出的抵抗力以及病毒的毒性減弱，是病毒與宿主共存並數量減少的經典案例，也顯示出中度毒性的演化過程。這種演化反應能夠調節生物防治的長期結果。

從事生物防治的生態學家所面臨的一項困難是，在條件受到控制的實驗室裡看似可行的交互作用，實地執行後往往效果不彰。意料之外的環境限制或不明原因的額外交互作用都會影響結果。一旦釋出，新的害蟲防治物種能否成功，便受限於與群落中其他物種的交互作用，或是受限於環境條件。布袋蓮是原產於南美洲、遍布全球的入侵種水生植物，它正可作為此處的例證（見圖22）。引入的象鼻蟲成功控制住東非維多利亞湖（Lake Victoria）的布袋蓮，卻控制不了佛羅里達州和南非的布袋蓮。水中的養分高低嚴重影響結果的成敗。養分濃度高會提升植物的營養價值，有利於象鼻蟲繁殖，卻也利於植物快速生長和擴散。此外，當水中養分濃度低時，布袋蓮會將更多資源分配給開花而不是生長，因而限制了象鼻蟲可取得的食物量。因此，以象鼻蟲對布袋蓮進行生物防治，在養分濃度很低時效果不彰，因為環境條件只能維持少量象鼻蟲族群，並鼓勵植物藉由生產種子來擴散；在養分濃度很高時效果也不好，因為植物生長力太強了。象鼻蟲對布袋蓮的防治力會在養分濃度適中時達到最強，這時象鼻蟲的食植總量與植物的補償性生長相比，能造成最大的衝擊。

圖 22 尚比亞一處長滿布袋蓮的滯水區。（來源：Fritz Kleinschroth）

韌性

傳統管理方式都在尋求調節生物族群量的多寡，若非將資源極大化，包括林木、漁獲、農作物或獵物等等，不然就是消除帶來困擾的物種，包括危險的掠食者、農作物害蟲、疾病媒介或是外來入侵種。這種管理方式稱為「命令與控制」（command and control），往往會有捨本逐末的問題。採取這個方式已造成一些偏離初衷、始料未及且經常悲慘無比的後果。這類經驗讓管理者相信「命令與控制」是有缺陷的，如果我們能考慮到整個生態系，資源管理會更有成效。奧爾多・李奧帕德在二十世紀上半葉就洞悉了這一點，但他的真知灼見幾乎全被忽略，直到將近二十世紀末才有了轉機。李奧帕德提出，管理族群的必要條件是管理生態系，因為族群是生態系的一部分，仰賴著生態系中的諸多元素。或許自然系統的複雜，以及我們對自然系統知識的貧乏，妨礙了我們將資源當成複雜系統一部分來管理的做法。隨著生態學發展出解釋族群和過程的概念和方法，並採用更全方位的複雜系統方法進行解讀，這種情況已開始轉變。

「韌性」（resilience）的概念就是這類思想的其中一個元素，且在社會上廣為人知。它也是那種生態學家賦予多重解讀意義的（有點惱人的）詞彙。一般而言，韌性指的是生態系吸收衝擊和干擾，並從中恢復、同時維持著生態系整體結構與功能的能力。更具體來說，韌性是一個系統受到擾亂後回到平衡狀態所需時間，或是某一生態系所能吸收的干擾上限，超過之後，生態系就會翻轉為結構與行為都不同的持久新狀態（見圖23）。這些解讀都假設生態系擁有相對穩定的狀態，而它們傾向於回復到那種狀態。若是我們願意接受像是闊葉林、草原或貧養湖（oligotrophic lake）等概括性類別的生態系，其物種組成很可能改變，那麼上述假設大致正確。

可以永續管理的系統，其結構、組成和過程勢必受到良好維護，即使面臨自然或人為干擾，也能持續提供我們重視的資源、功能和服務。因此追求永續的重點主要就在於生態系的韌性，無數生態關係和功能都憑藉這種韌性提供各種應付干擾的適應力和復原力。生態學理論認為，維護多樣化物種、功能群和食物網交

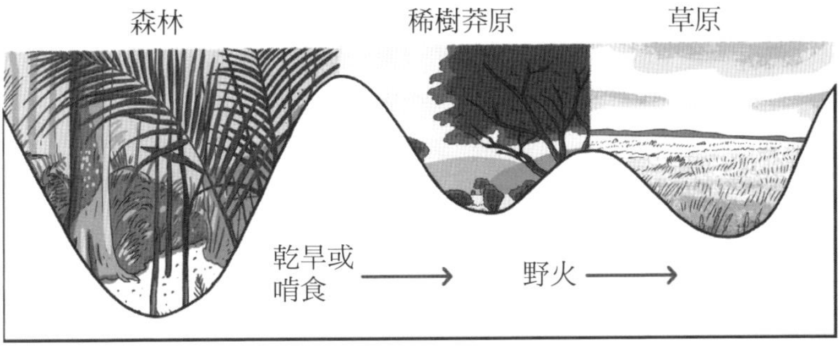

圖 23　各種穩定狀態示意圖

各波谷代表不同的穩定生態系狀態，各自具備其韌性，強度反映在波谷的深淺上。可以把現狀想像為置於谷底的球，干擾會使那顆球往某個方向的斜坡上方移動。如果干擾不嚴重，那顆球會滑回谷底不動，反映出生態系回復成原有的穩定狀態。超越生態系韌性的較劇烈干擾（由波峰的高度代表）會使得那顆球掉進相鄰的波谷，表示改變為另一種穩定的生態系狀態。

互作用，有助於加強韌性。在管理韌性的過程中，也確認了干擾是生態系中，一種自然的——甚至是必要的——組成元素，它維護著跨各種尺度的回饋及流動，也為生態系的適應能力作出貢獻。要理解這一點，必須先體會生態系在時間和空間中的動態本質，這種本質反映在改變與拼綴式的循環上。

動態穩定性

生態系動態的本質必須符合理論上具備的穩定性。生態系內部的各種變化，包括族群量波動、食物網交互作用的改變、或是資源流動的差異等，讓生態系能夠因應干擾而調整。這類變化看似劇烈，但通常屬於自然適應循環的一個階段。北美洲的雲杉—冷杉林是幅員遼闊且看似穩定的生態系，為雲杉捲葉蛾（*Choristoneura fumiferana*）的棲地，這種蛾的幼蟲以雲杉和其他結毬果的樹木為食。當林分（forest stand）尚屬年輕、林冠相對開闊時，捕食捲葉蛾幼蟲的鳥類讓牠的數量不致於太多。隨著樹木成熟，鳥類愈來愈難在更加濃密的樹葉間找到毛蟲。成熟林分的組成與伴隨而來的掠食者效率低落，使得捲葉蛾數量能快速增長，造成一波捲葉蛾大爆發。結果是大面積的落葉和樹木死亡，災情遍及數平方公里。死去的樹木緩緩將養分釋入土壤，獲益者是在死去林分間拓殖的樹苗。森林回到年輕階段，鳥類再次控制住捲葉蛾的數量（見圖24）。

「森林—捲葉蛾」的循環是動態的，卻同時也是穩定的，因為該系統仍然是一座雲杉—冷杉林。當鳥類讓捲葉蛾數量保持在少數，有很多長久的局部平衡狀態存在，也有一些臨界點，亦即鳥類不再能控制捲葉蛾數量的極限。戲劇性的崩潰表現在樹木大範圍死亡上，隨後則是再生——樹苗扎根以及演替。從頭到尾，不論處於適應循環的哪個階段，這座森林都仍看得出是一座森林。

生態系是呈區塊分布的。成熟、存續、巨變和再生的循環，並不是在整個生態系中同步發生。在任一時間點，某一生態系的不同區域都處於適應循環的不同階段，造成由許多區塊結合而成的鑲嵌式地景（landscape mosaic）。由一段複

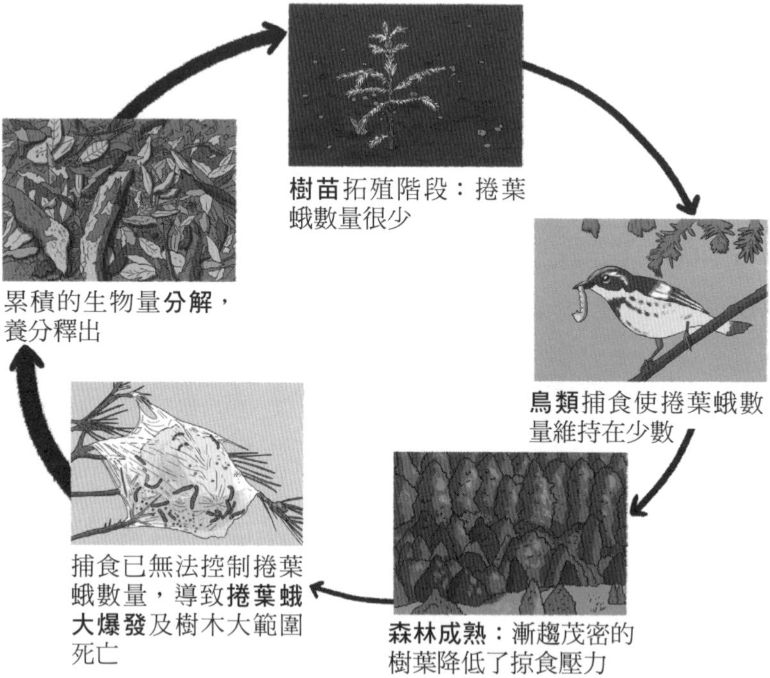
樹苗拓殖階段：捲葉蛾數量很少
鳥類捕食使捲葉蛾數量維持在少數
森林成熟：漸趨茂密的樹葉降低了掠食壓力
捕食已無法控制捲葉蛾數量，導致**捲葉蛾大爆發**及樹木大範圍死亡
累積的生物量**分解**，養分釋出

圖 24 北美洲雲杉—冷杉林的動態

箭頭指出不同生態系階段間，動態循環的步驟順序。箭頭的粗細代表變化的快慢，線條愈粗表示變化愈快。

雜的干擾期創造出的鑲嵌式土地能帶來韌性。未受干擾的區塊中，進入成熟期的動植物能倖存，而處於再生期的動植物則從某個短命的再生區塊遷移到另一個區塊。剩下的成熟區塊則成為種子來源，好啟動復原的初始階段。區塊分布也限制了干擾的影響程度和範圍，受到影響的主要是循環中的成熟階段。

干擾本身的嚴重程度和影響範圍也參差不定。即使是規模很大的偶發性干擾，也會造成異質性地景影響。有些區塊或許能因為局部環境條件變得沒那麼脆弱，而避開干擾的影響，或純粹只是僥倖。一九八八年夏天是黃石國家公園有史以來最乾燥的夏天，扭葉松森林一下子就燒起來了，火災波及的範圍和火勢都是前所未見。大約有五十七萬公頃的森林燒毀。在燃燒過程中，當地的地景勢必一片荒蕪。然而事後調查發現，那裡是由燒過和未燒過的區塊拼成的鑲嵌式地景（見圖25）。接下來，扭葉松森林快速復原，樹苗拓殖，動物族群也回升。現在距離那場大火已過了約三十年，在曾被燒焦的區域，黃石公園的森林正再生為茂密的林分。

圖 25　1988 年 10 月黃石公園的火災後，由燒過與未燒過的林地區塊拼成的鑲嵌式地景。（來源：Monica Turner）

多穩態

黃石公園的森林已經與野火共存了數千年，具備應對野火的高度自然韌性，即使是像一九八八年那麼嚴重的火災也能承受。每隔一百年到兩百年就會捲土重來的大型火災燒穿森林樹冠、燒死成熟樹木，卻也釋出養分，讓陽光能照到森林地面。這促使種子發芽、樹苗生長，森林復原。然而這樣的韌性是否能延續到未來，卻是個問號。氣候變遷或許會將生態系推到它曾有過的生態經驗之外，驅使它進入替代穩定狀態（alternative stable state）。一九八八年黃石公園異常乾熱的天氣已不再屬於異常。適應了偶發性大型嚴重火災的森林，現在得承受經常發生的野火。這些野火可能在森林還來不及恢復前，就把它們燒光。研究野火型態的生態學家認為，按照他們的估計，到了二十一世紀中葉，火災、氣候和植物間交互作用的性質，將不再足以支撐黃石公園針葉林的存續。新的野火型態可能會改變這座森林以及北美洲類似森林的動植物和生態系過程，導致針葉林被取代為非森林植群。

文獻上有紀錄的、轉型式的生態系變化案例（包括北大西洋鱈魚漁業的崩潰），讓我們對黃石公園的未來預測更加可信。非洲的稀樹莽原支持各種由野火維護的禾本科植物，以致於木本植物無法開疆拓土。若是食草動物夠多，能大量減少禾本科植物，就能轉換到木本植物更多的替代狀態。這能增加木本植物扎根生長，並降低野火發生的頻率（因為供作燃料的草量變少了），確保木本植群能存續數十年。大象等大型食嫩植動物最終可以藉由在樹冠間開出缺口，並用物理方式弄斷樹木，重新創造充滿禾本科植物的稀樹莽原（亦見圖23）。

社會生態系統

若是沒能預測替代狀態，或是沒能提早預料將發生轉型式的生態系變化，有可能讓我們付出高昂代價，就如同漁業崩潰的前例。當務之急是生態系管理屏棄針對單一資源作「命令與控制」式的管理方式，而要考慮到物種間交互作用、韌性、生態系動態及適應循環。生態系管理者要思考人為變化如何影響生態系韌性，又影響它到什麼程度，以及韌性能否在可接受的變化範圍內保持穩定。確保韌性的策略很多元。自來水公司若要維持某座湖泊的水質在可飲用的程度，可能的做法包括重新引入某種頂級掠食者、移除攪動沉積物質的外來種魚類、推動制定政策減少肥料流入水道，或是鼓勵地主在河岸種樹，盡可能減少土壤侵蝕，並供養健全的水生無脊椎動物群落。加總起來，這些行動維護了多樣的食物網，減少可能令湖泊生態系轉為負面替代穩定狀態的生物物理性變化，因而達到強化湖泊韌性的功效。這些行動需要不同權益關係人之間協力合作，包括自來水公司、上游地主、政策制定者，以及漁民和保育團體等其他利益團體。

這些挑戰需要生態系管理者精通應用生態學，同時也要熟悉社會與政策議題。在生態系管理工作上，人類領域和自然領域是緊密交織的。應用生態學家為生態系如何運作貢獻了重要知識，但生態系管理要更進一步，把這種知識納入更大的社會生態架構中，應用在自然與人類系統之間的交互回饋上。應用生態學家必須樂於與社會學家、經濟學家、行為心理學家、政策制定者、地主等許多角色合作共事。

第七章

文化中的生態學

令學者氣惱的是，在大眾眼裡，生態學往往與自然學家、詩人、有機農民、賞鳥愛好者和行動主義者等廣泛的類別混為一談，只因為他們全都深切關懷自然環境。「生態學」這個概念和詞彙已被套用也適用於各種文化脈絡和目的中，有鑑於此，它變得政治化且被賦予特定的價值觀。現代環保觀念抬頭乃是建立在社會生態學觀點的基礎上，而從過去到現在，觸發這種觀點的是源自於生態學的各種想法，特別是互依互存、全方位思考、韌性和適應系統等。不僅如此，有些很重要的生態學學科原本就具有特定價值觀，其中一個主要例子為保育生物學，因此這些學科會受到現代文化價值觀演變的影響，也就是人類社會與環境具有（或該有）什麼樣的關係。因此要將生態學與它較廣義的社會詮釋區分開來並不總是很容易，尤其是在現今環境困境的架構之下。

生態學思維的文化主要援引自先例，而且往往從原住民的風俗習慣中尋求靈感，無論是真有其事或純屬想像。有個例證是美國原住民杜瓦米西族（Duwamish）的西雅圖酋長（Chief Seattle）所發表的談話，據說他慷慨陳詞地指出白人如何悖離大自然：「我們確知一件事：地球不屬於人類，人類屬於地球。我們確知這件事。萬物相連，就像血脈聯合一個家族……生命之網不是人類織的，他只是其中的一條絲。無論他對網做了什麼，都會影響他自己。」有人對西雅圖酋長這番演說的歷史面和文學面提出質疑，不過那只是不重要的雜音。更重要的是「互依互存」與「全方位主義」等生態學思想，比生態學本身還要早誕生。生態學將一種共識化為具體形式，而這共識的本質早已在世界各地的各個文化間流傳數百年之久。然而生態學也為現代生態意識提供了知識和靈感，這種意識反映出在質與量上都前所未見的新環境挑戰。確實，二十世紀最重要的文化革命，或許就是全方位主義、回饋和互依互存等概念，將由生態學名詞轉變為道德和政治領域的用語。

生態良知

生態學不只是一門科學，它已成為一種世界觀。奧爾多・李奧帕德在一九四七年六月二十七日向美國園藝俱樂部保育委員會（Conservation Committee of the Garden Club of America）發表的演說〈生態良知〉（The Ecological Conscience）中強調：「生態學是社群的科學，因此生態良知就是社群生活的倫理標準。」這預告了李奧帕德之後將提出的「土地倫理」說，它包含生態學、倫理學、政策和管理執行之間的連結。在毫不猶豫地主張保育，以及認為科學家不適合有立場的兩派生態學家之間，一向關係緊張。李奧帕德屬於堅定主張保育的一方。其他人也同樣因過度簡化和狹隘的生態學學術態度而感到絕望。劉易士・孟福（Lewis Mumford）在一九五一年出版的著作《生命的作為》（*The Conduct of Life*）中寫道：「我們的心智是如此習慣性地奉獻給那些特化的、零碎的、異常的東西，鮮少將生命視為動態的、互相交織的系統，以致於我們無法在自己的地盤上察知整體文明已面臨危險。」費爾菲德・奧斯本（Fairfield Osborn）的《我們遭掠奪的星球》（*Our Plundered Planet*）以及威廉・佛格特（William Vogt）的《生存之路》（*Road to Survival*），均為一九四八年出版，為上述二十世紀中葉生態學對環境問題的覺醒，又添加了額外的推進力道。一九六二年瑞秋・卡森《寂靜的春天》問世，成為公認的轉捩點，生態學自此成為無法與政治和文化脫勾的科學。

《寂靜的春天》甫出版兩年，保羅・希爾斯（Paul Sears）便在著作中稱生態學為「那門破壞性科學」。希爾斯相當清楚，生態學原則威脅到許多現有的社會政治秩序的前提和做法。生態學很對某些民間運動的胃口，它們希望重整社會、政治和經濟體系，除了將核心焦點擺在環境問題上之外，也要關注社會不公和貧富不均等議題。馬克思主義者默里・布克欽（Murray Bookchin）主張，對自然的剝削源自不公平的社會結構，有了公平的社會結構，生態就得以保全。生態女性主義則主張，父權制以及人類本位主義（也就是人類主宰自然的意思），是表現「支配」邏輯的兩種方式。而按照類似的邏輯思考，能瓦解人類本位主義的環境倫理也能削弱父權制。「深層生態學」（Deep Ecology）運動依循類似思路，將纏擾現代社會的環境疫病歸因於個人以自我為中心，與生物性的整體切割、劃清界限。「深層生態學」呼籲還原個體與生物圈之間難分難捨的關係。

這些對生態學的詮釋都離生態學的科學面很遙遠，卻又同時與發展出生態科學的同一群思想系出同門。在許多社會性和政治性談話中，生態學概念、詮釋和哲學都為了各種目的而受到應用。最明顯的是，生態學為生物保育的基本立場提供了理論上和概念上的正當理由。它也是綠色政治（Green politics）的核心概念，綠色政治強調人類與自然環境是互相依存的。這呼應了約翰・繆爾（John Muir）經常遭到錯誤引用的說法：「當我們想要單獨挑出某一樣東西的時候，我們會發現它其實與宇宙中的萬物都相連。」（《我的山間初夏》〔*My First Summer in the Sierra*〕，一九一一年）而在較乏味的方面，有人利用生態學造假以滿足行銷和廣告需求，號稱能反映出「生態性」產品的環保特質。例如，一九七一年，可口可樂公司的廣告稱其可回收的玻璃瓶為「『生態學時代』專屬的瓶子」。

蓋婭

除了強調個別組成元素及其之間關係的主流生態學，還有另一種觀點是將地球視為其所有物種及其互動所造成的意外產物，而且這之中有一種一貫性，足以讓它稱為一個生命體。

「蓋婭理論」（Gaia Theory）是大氣化學家詹姆斯・洛夫洛克（James Lovelock）和演化生物學家琳恩・馬古利斯（Lynn Margulis）提出來的。簡言之，他們主張地球是活的，因為它是能夠自我組織且具適應力的實體，它源於許多生命體彼此間的交互作用及它們與其地質環境、海生環境和大氣環境的交互作用。而這個稱為「蓋婭」的生命體能自我調節其環境中的關鍵面向，例如氣溫、海水鹽度和大氣中的氧氣與二氧化碳濃度。

洛夫洛克不遺餘力強調蓋婭不是目的論，也就是說，它自我調節的程序並不以嘉惠生命為目的，不過生命仍是受惠了。舉例來說，地球的氣溫取決於大氣中二氧化碳的濃度。火山活動是大氣中二氧化碳唯一主要的天然來源，而主要的碳匯（sink）是岩石風化作用，那會結合鈣和二氧化碳形成碳酸鈣，最終沉降於海床。細菌和植物能大幅加速風化作用，它們會積極將二氧化碳從大氣轉移到土壤中。在海洋裡，海藻和珊瑚會加速海床的碳酸鹽沉積物，因為它們會蒐集消融的碳酸鹽形成白堊狀的殼和珊瑚礁。累積起來的碳酸鹽沉積物會將二氧化碳以白堊和石灰岩沉澱物的形式封住。鈣板藻（coccolithophores）也對雲的形成有影響，當它們死亡時，會散發氣態的二甲基硫（dimethyl sulphide），這種氣體浮到海洋上空的大氣層，製造出小小的酸性水珠。水氣在這些水珠上凝結形成雲，進而反射太陽能量。因此生命是地球回饋系統中的必要元素，影響著大氣中二氧化碳的調節，進而左右了地球的氣溫。

蓋婭理論激發了遠遠超越機械論程序與結果的思維，使得地球系統科學（Earth System Science）這門新興科學得以誕生。一九七二年首度由太空完整拍攝的地球影像，對於強調全方位的（且正如字面意義的）世界觀，帶來了強而有力的效果（見圖26）。儘管有違洛夫洛克的本意，蓋婭在大眾文化中因此開始代表生態學的全方位世界觀及我們與大自然的互動，而有別於大部分生態科學常見的那種化約論者科學態度。蓋婭式思維已經在吸收抽象或靈性解讀的同時，超出了洛夫洛克的本意。要了解，蓋婭對不同人而言，代表不同意義，蓋婭概念的擁護者受到這個想法吸引：我們身為人類和個人，是更大整體中不可或缺的一部分，而從那更大整體中油然而生的，是對互依互存的現實世界深深的感謝。這為對抗環境劣化提供了正當理由及動機，也可能正因為如此，蓋婭為許多個人和環境及保育運動提供了想像空間。

深層生態學

與蓋婭理論密切相關，或至少同樣廣受詮釋的，是「經過幾百萬年的演化才造就的整體，具有某種不可能透過化約論的科學研究來表達的特殊價值和意義」

圖 26 藍色彈珠

這張首度攝於 1972 年的照片，勝過千言萬語地傳達出「地球是一個整體，是有限的，是一個行星群落」的全方位觀點。（來源：NASA）

的感覺。這種感性是「深層生態學」運動的特徵，此運動奠基於挪威哲學家阿恩．奈斯（Arne Naess）的作品，這個名稱也是他創造的。深層生態學確立了生物圈並非由各別離散的實體所組成，而是由內部有所連結和互動的個體共同構成基礎現實。

深層生態學的擁護者譴責西方文化核心的人類本位個人主義。深層生態學者主張環境哲學必須認同自然的內在價值，那與人類的需求完全不相干。他們排斥以人類福祉而非自然的內在價值為優先考量的主流環境主義。深層生態學家透過接受所有生物平等的內在價值，並認可我們的生態整體性，取得對自然界更深度的理解與連結。

原則上，深層生態學是平等主義的哲學，將相等的道德重量分配給所有生物相。它廣受批評，因為平等主義沒有留下什麼道德抉擇的空間。若是所有生物的價值都相等，那麼遇到利益衝突的狀況時，我們該如何判決？在此前提下，美國環境倫理學先驅柯倍德（Baird Callicott）於一九八〇年主張環境倫理不能「授予生物群落中每個成員均等的道德價值」。

文化生態學

將生態學思維應用在人類社會，能為我們的規範、習俗和禁忌提供一些省思空間。文化生態學主張自然環境對社會文化與組織具有重大的影響力。人類學家朱利安・史都華（Julian Steward）將文化生態學視為「為了適應自然環境而產生的文化改變」。史都華主張自然環境影響人類文化，而非決定人類文化，不過文化生態學理論更晚期的擁護者，確實因為支持更強烈的環境決定論（environmental determinism）而受到批評。史都華在北美洲休休尼族（Shoshone）身邊進行的實地研究，凸顯出複雜的文化策略如何讓他們能在內華達山脈與洛磯山脈之間大盆地（Great Basin）的沙漠地帶生活。他們對不同季節各種資源的豐缺知之甚詳，包括松子、禾草、漿果、鹿、麋鹿、綿羊和羚羊，影響了休休尼人遷徙和社交互動的模式，以及文化信仰體系，進而形塑整體文化。

史都華的得意門生之一羅伊．拉帕波特（Roy Rappaport）在新幾內亞高地持續研究岑巴甲族（Tsembaga）的生存之道。拉帕波特運用能量流、環境承載量和互利共生等生態學概念，來解釋岑巴甲族管理資源時背後的道理。岑巴甲村莊中的豬會清掉村裡的廢棄物和挖出果園中的雜草來吃，但是當牠們的數量變得太多，便開始製造問題。岑巴甲人定期舉辦儀式性的盛宴，將豬隻數量降低到生態學上恰當的程度。拉帕波特藉由運用生態學概念來理解岑巴甲族的生存之道，降低了文化信仰所扮演的角色，而更強調生態限制的影響。

類似的另一個例子是，馬文．哈里斯（Marvin Harris）將功能性思維與唯物主義思維套用在印度教看待印度的聖牛。在印度教徒眼中，牛是神的象徵與自然的餽贈而備受崇敬，因此人們不會吃牛肉。哈里斯認為，在印度教的生態和經濟體系內，會出現這種文化信仰非常合理。他主張關於牛的一切限制，都是源自於需要牛奶、需要牛糞作為燃料和肥料，還有需要牛作為耕田的勞力。

透過生態學濾鏡去研究文化行為，能為環境管理提供更具同理心也更完備的理解力。多年來，科學家、環保人士和媒體都大力抨擊輪耕（shifting cultivation）造成熱帶森林流失。實施輪耕的小農焚燒並清空一小片森林，然後在上頭輪流栽種一年生和多年生的農作物，例如稻米、豆類、玉米、芋頭和木薯。經過一段時間，土壤肥沃度下降，害蟲增生。再過兩三年，農民在田地種果樹，然後清空新的林地種植農作物。這種清除林地、耕種和棄置的循環，在環保主義者看來破壞力高又浪費，他們成功說服某些熱帶國家的政府禁止輪耕，只能定耕。文化生態學則對輪耕有不同的解讀，因為它看出那些農民具有怎樣細微的環境知識，才會維持這種做法好幾個世代。在人口密度相對較低的地方，輪耕是能長久持續的方法，因為耕種期後有很長的休耕期，能讓土壤恢復養分。種下的果樹吸引鳥類和齧齒類動物，牠們會帶來周遭森林其他樹種的種子，進一步促進森林復原。清除相對而言小面積的林地，與熱帶森林干擾的自然過程相仿，在那種干擾中，風暴和倒塌的樹木會週期性地讓小塊區域變成空地。清出小塊土地甚至有助於生物多樣性，因為能在特定區域內創造出更多種棲地。

源自殖民時代留下的土地管理思維，造成一些不恰當的環境觀點，它們毫不採納傳統管理做法，結果提出錯誤百出的政策。詹姆斯・費爾黑德（James Fairhead）和梅莉莎・利奇（Melissa Leach）在西非的幾內亞進行研究，提到該國林務局的公務人員受到西方土地管理和生態銜接（ecological transition）概念的影響，將森林區塊的鑲嵌式地景視為更廣大的熱帶森林的殘餘物。政府官員認定是當地人摧毀了森林，於是強制施行規範和罰款來預防森林進一步損失。費爾黑德與利奇則證明，事實上當地人種樹和防止野火所作的一些舉措，反而讓森林島嶼（forest island）的面積變大了。

高尚的野蠻人

太過天真的文化生態學，會營造出生態學上的「高尚野蠻人」形象——這是西方文化中一種歷史悠久的執著迷思。現代人對高尚野蠻人的迷思，經常歸源於啟蒙時代的哲學家盧梭，雖然他本人從未使用這幾個字。十八世紀以降的浪漫主義作家和藝術家執迷於更為單純而理想化的過往概念，在那個時空中，人類與自然和諧共存。原始社會在藝術與文學作品、甚至是學術研究中廣受讚揚，譽為在文化和靈性上能與自然環境的生態調和一致。從詹姆斯・卡麥隆（James Cameron）二〇〇九年執導的電影《阿凡達》（*Avatar*）就可看出對這類理想的持續追求，片中的原住民納美人維護著充滿活力的自然世界。

這些想法在現代都有對應的例子。亞馬遜叢林的卡亞波族（Kayapó），以及婆羅洲雨林的東本南族（Eastern Penan），都反對清除森林地、修路和蓋水壩，以捍衛他們的傳統領域與以森林為本的生活模式（見圖27）。這些原住民社群有時在環境組織的協助下，有規模地保護他們的森林，也成功阻止了一些大型開發計畫。

雨林保育加上原住民權利，能有效吸引媒體的關注，且迎合了西方人長久以來對環保界「高尚的野蠻人」的想法，同時也與愈來愈嚴重的環境問題相契合。

圖 27　東本南族人抗議伐木業者入侵他們賴以維生的森林。（© Bruno Manser Fund）

將某種生態敏感度（ecological sensitivity）冠在原住民身上的想法，被批評為歪曲了傳統社會，甚至是破壞他們的正統性。暗示原住民對他們身邊的自然環境毫無影響，等於否定了他們的人類史。許多原住民社會確實劇烈且永久地改變了他們的自然環境。原住民從幾千年前就開始積極地管理和修改地貌。澳洲原住民從六萬年前就開始做這樣的事——用火來改變地貌——這很可能造成許多澳洲的巨型動物相（megafauna）滅絕。美洲原住民也使用火，也很可能導致一些物種滅絕。

不僅如此，原住民社群經常默許、甚至支持一些開發計畫，違背大眾投射在他們身上的文化期待。庫庫雅拉尼族（Kuku Yalanji）竟然支持興建一條馬路通到澳洲苦難角（Cape Tribulation）庫克敦（Cooktown）的南邊，讓保育人士驚恐萬分。砂拉越的西本南族（Western Penan）與他們的東本南族鄰居截然不同，他們會積極地和伐木公司談補償協議讓其進入他們的土地，並樂於接受隨之而來的津貼與工作機會。他們並非贊成伐木，而是如同其他所有群體一般，懂得適應現有狀況，並盡可能從中獲得最好結果。

不論群體的傳統和文化如何，當人口密度低、不易前往市場及獲得科技時，他們便傾向於節約並永續使用資源，並不是因為他們有特別崇高的保育情操。這不是說保育情操不重要，而是說它得與確保個體福祉等更優先的選項一併考量。隨著人類數量增長，他們終將超過局部環境承載量能支持的程度。這造成生態危機，可能導致戰爭、遷徙或社會崩潰，或是制度性和文化性的變革，轉型為新的社會與生產體系與哲學。

神聖生態學

雖然「高尚的野蠻人」概念的原始版本已脫離現實，仍有許多人想了解，傳統社會具備利用當地土地和資源的悠久歷史，會如何看待身邊的自然環境。傳統生態學知識是由知識、做法與信仰共同構成的體系，藉著文化傳遞一代代累積和適應而來，講的是人類與其他生物及其環境之間的關係。最重要的是，擁有豐富傳統生態學知識的社會，與它們的自然環境也擁有更直接的關係，而不以科技為導向。其中許多都是原住民社會或部落社會，但不必然如此。

費克雷特・伯克斯（Fikret Berkes）提出「神聖生態學」，它是包含在傳統生態學知識內的強大信仰元素，能塑造人們該如何與自然及自然元素互動的看法。這樣的道德脈絡使得這些社會不可能區分宗教與生態，生態特性無法由社會性或精神性面向中劃分出來。故事和儀式在表明和傳達出生態學意義的同時，還瀰漫著一股「在地感」。人類學者彼得・布羅修斯（Peter Brosius）解釋，對馬來西亞婆羅洲砂拉越的本南族而言，「大地不只是儲存詳細生態學知識的水庫……它也是存放歷史事件記憶的寶庫，因此它是社會關係以至於整個社會的巨大記憶代表。」

在工業化社會中，文化與生態的分離導致了傳統環境管理被取代為工業化和生產導向的管理系統；也或許兩者的因果關係是相反的。批評「高尚的野蠻人」這個迷思是對的，但同樣重要的是，要認知到長久以來通過時間考驗的其他形式的生態學知識值得認真看待。要透過重新喚起的環境意識來重建環境健康，我們或許需要重新打造一門文化生態學，來激勵全球工業化都市的居民。

第八章

未來的生態學

當一個生態學家曾經是件單純的事。生態學家的工具箱裡只裝著雙筒望遠鏡、捲尺，或許再加上採集標本用的誘捕器和試管，還有筆記本，就足以有效探索最複雜的自然系統。然而二十一世紀的生態學已進入大數據和新科技的時代，生態學家經常使用衛星、無人機、追蹤裝置、遺傳學和穩定同位素來監測和解讀跨越多重時空尺度的樣態、過程和交互作用。

在過去，生態學問題往往圍繞著不直接牽涉政治責任的議題，這一點也改變了。現在生態學家經常要處理保育、土地管理和資源利用等議題，它們原本就具有規範的性質，且容易造成衝突。我們活在人類世的時代，其定義是人類在地球系統上留下了永久遺贈。這份遺贈包括生物多樣性流失、氣候變遷、大氣碳濃度上升、海水酸化、氮沉降、入侵種擴散、人為毀林及土壤侵蝕，這些全都長期改變了生態系的結構和運作。在這些狀況下，建立在昔日那種多半未受干擾的自然系統上的生態學知識，對於未來的模式與結果能提供的參考價值便很有限了。

全球變遷對生物數量、群落和生態系會產生什麼影響，仍有許多不確定之處。大氣中二氧化碳濃度上升可能造成施肥效應而增加植物的繁殖量，但同時也使植物曝露於乾旱或營養不良的風險中。海水酸化會影響海洋生態系的繁殖力及珊瑚礁結構的健全度，進而對海洋中的生物多樣性及漁業構成災難性的威脅。全球暖化讓病原體和害蟲散布到新的區域，使得美洲森林爆發破壞力強大的蟲害。這些結果將透過食物鏈、群落和生態系造成什麼蝴蝶效應，沒有人知道。我們也不徹底了解是哪些因子決定生態系的韌性，甚至不懂得怎麼測量韌性。有鑑於現今全球的生物多樣性都在快速流失，我們對於遺傳多樣性與物種多樣性，及生態交互作用網路的結構，如何影響生態系的運作及韌性，還真是無知到令人憂慮。要學、要做的還有很多。

未知的領域

全球環境變遷影響了諸如風災、乾旱、野火和蟲害等干擾的頻率和嚴重程度。接下來幾十年將迎來全新的干擾型態，以及更頻繁的極端事件。生態系因應這些變化的能力受到其韌性影響，而韌性又取決於會改變生態系組成及結構的人類活動。對環境改變的軌跡以及生態系作出的回應能有通盤了解，便成為生態學的核心目標。特別令人憂心的是，生態系會否越過閾值或臨界點，導致轉型式的變化，而在人類的時間尺度上很難或甚至不可能再扭轉結果。

隨著我們進入這片未知領域，過去已不再是帶我們走向未來的有益嚮導。儘管如此，對生態系如何運作的生態學知識仍然能有效幫助我們預測環境變化的過程和結果，並規畫適切的因應之道。即使面對大型自然干擾，生態系也能夠復原，而且往往復原得很快。一九八〇年聖海倫斯火山（Mt St Helens）爆發後，山坡上的森林恢復生長的情況，就是一個例證（見圖28）。然而我們不該就此滿足。生態系必須應付未來的狀況和干擾型態，那是它們從未經歷過，顯然也未適應的（見專欄5）。

圖 28　1980 年聖海倫斯火山爆發後森林復原的狀況。（來源：Jeff Hollett）

【專欄5：甲蟲、水泡、熊，以及白皮松的故事】

洛磯山脈北側的美國白皮松（*Pinus albicaulis*）森林正受到白松泡銹病的侵襲，它源自於一種非原生種真菌病原體藨生柱銹菌（*Cronartium ribicola*），以及原生種山松甲蟲（*Dendroctonus ponderosae*）。先前，在白皮松生長的高海拔地區由於氣溫低而限制了甲蟲的分布範圍，而原生於亞洲的藨生柱銹菌是在一九〇〇年左右引進北美洲。白皮松直到現在才面臨甲蟲和藨生柱銹菌的威脅，因此未演化出抵抗它們的防禦機制。其他針葉樹大概遲早會取代損失的白皮松，不過對於將白皮松種子當作重要食物來源的灰熊和其他動物而言，勢必會產生一連串的影響。此外，大規模的白皮松死亡也會造成大面積的枯樹，而增加野火災害。

周而復始的干擾所造成的累積和加乘效應，也對棲地造成威脅。亞馬遜雨林不會有野火，然而道路和農場入侵，再加上氣候變遷的因素，已開始讓雨林內部變乾燥，而人類的存在增加火災發生的頻率。起初火燒得不旺，但雨林的樹木不適應野火，就連小火都燒死很多樹。枯樹會在樹冠中造成缺口，進一步令下層植被變乾燥，而累積的枯木會提高燃料負載（fuel load）。這就為愈來愈嚴重和大規模的野火準備好了條件，尤其若又碰上愈加頻繁的旱災。有些生態學家相信，這些具加乘作用的干擾交互作用有可能將濕潤的雨林轉型為乾燥許多的稀樹莽原。若是不幸言中，對生物多樣性和碳排放的影響將不堪設想。

追蹤氣候

氣候變遷或許是對生物多樣性和生態群落構成長期威脅的頭號代表。有一項研究預估，地球上百分之十五到三十七的物種都可能因氣候變遷相關因素而滅絕。隨著氣候暖化，無法快速適應的物種別無選擇，只能移動到更適合其需求的氣候區。一些模型分析研究預估物種未來的發展，假設出不同氣候條件下的分布區，但目前尚無法確定在特定的氣候變遷速率下，那些物種播遷的速度是否夠快。

植物、哺乳類動物、鳥類和蝴蝶的族群，已經因應氣候變遷而朝更高的緯度和海拔移動。許多物種反應很快，但其他物種跟不上地理溫度的變化。針對三十五種非遷徙性的歐洲蝴蝶為觀察樣本發現，在二十世紀時，有二十二個物種往北方移動了三十五到兩百四十公里，在這段期間內，氣候的等溫線往北移了大約一百二十公里。而剩下的十三個物種沒怎麼移動。許多鳥類和蝴蝶，甚至包括個體播遷能力很強的那些，都累積了可觀的「氣候債」，意思是物種實際拓殖到新地區的速度，落後於應對氣候變遷所需速度之間的差距。有一項研究指出，一九九〇年到二〇〇八年之間，歐洲等溫線北移的速度足以讓鳥類平均產生兩百一十二公里的氣候債，蝴蝶則是一百三十五公里。如果這些研究正確無誤，那麼即使是機動性極強的鳥類和蝴蝶，恐怕也跟不上氣候變遷的腳步。

熊蜂似乎特別面臨危機。大部分熊蜂物種都沒能播遷到比現有的分布北界更北邊。另一方面，牠們在歐洲和北美洲的分布南界都縮短了三百公里，很可能是因為更頻繁出現的異常高溫。負責生育的女王蜂通常每年播遷範圍為三到五公里，但偶爾也有較長距離的播遷行為，因此播遷能力似乎不是問題所在。或許問題出在新來的物種必須與當地的物種競爭空間和資源。往北拓展領域的熊蜂，也可能遇到花蜜和花粉不那麼充裕的植群。追蹤氣候變遷不只是物種分布區轉移這麼簡單，而是群落要進行全面性的調整和重組。這對未來的生態學研究而言是值得深耕的領域。

可能因氣候變遷而滅絕的物種之中，許多都是分布範圍狹窄、播遷能力有限。要維持這些特別脆弱的物種的野生族群量，其中一個選項是將牠們移置（translocate）到適合的新地點。移置熊蜂很簡單，只要在春天將小群受精的女王蜂送到氣候適宜的棲地就行了。有些人批評這類輔助式的拓殖行為是過度干涉，最後會製造出「不自然」的群落。反駁者則表示致力「守護」生物群落的現狀或是歷史上曾有的狀態並不合理，因為未將氣候變遷和人類造成的環境變化列入考量。用干涉手段來保護瀕危物種，或是用生態學上相似的物種來取代已滅絕物種，都已有先例可循。嚴重瀕危的紐西蘭鳥類——不會飛的鴞鸚鵡，以及同樣不會飛的南秧雞，被引入牠們的非原生地、沒有掠食者的島上避難，來幫助牠們復育。印度洋模里西斯的龍德島（Round Island）則引入亞達伯拉象龜，來恢復當地黑檀樹的種子播散，原本這是由當地現已滅絕的陸龜負責的。贊成應當協助將生物搬到氣候適合的新地點的人，主張這樣的行動只不過是把氣候變遷的因素納入現有的保育工作架構而已。

更新世公園和科學怪人生態系

將大型哺乳類動物和鳥類重新引入牠們曾待過的棲地，例如黃石公園的狼或是蘇格蘭的河狸和白尾海鵰，作為重建喪失的生物相的手段——稱為「再野化」（rewilding）——已成為保育人士間備受歡迎的口號。這種做法也具有爭議。抨擊者質疑，將那些動物重新引入牠們已長久未居的地區，究竟是否恰當，又會造成什麼影響。地景再野化將這件事又更推進一步，其主張應該將大片區域復原到能重現舊有的生態系，使其能憑藉在人類大量介入之前便存在的生物多樣性而自給自足（見圖29）。這類點子稱為「更新世公園」，或是有人更不客氣地蔑稱為「科學怪人生態系」。再野化的目標在於復育原有的生態交互作用，當土地和棲地受到人類全面轉變之後，某些大型動物就消失了，而這些生態交互作用也隨之消失。再野化的提倡者希望藉由拆除基礎建設來重建生態系，盡量避免積極管理野生動物的族群量，並且要促進天然林再生，以及重新引入失去的原生種。有些人甚至主張將非洲和亞洲的大型哺乳類引入美洲大陸。心存疑慮的生態學家反對，質疑將物種重新引入早已經歷過重大轉變、並因應新的現實重新調整過的地景，難道真的恰當嗎？不僅如此，他們爭論道，更大的問題出在可能會產生大家不樂見的新生態交互作用。

圖 29　再野化地景示意圖。（來源：Jeroen Helmer/ARK Nature）

當地人對於要和他們不熟悉的大型野生動物共享土地有所顧忌，也不是杞人憂天。野豬曾是英國常見的動物，但在中世紀的時候就被屠殺殆盡了。一九八〇年代時，有人從歐陸將野豬進口到英國養殖作為肉豬，結果牠們不久後就脫逃，到一九九〇年代初已建立起生生不息的野生族群，因破壞作物而讓農民人心惶惶，休閒健走的民眾也感覺受到自由放牧的野豬威脅。暫且先將人們想要什麼、願意接受什麼放一邊，再野化必須正視一個生態學問題：為了養活重新引入的物種，目前的地景是否能持續保留必要的棲位空間？保育人士必須負起生態學上的盡職調查，確保重新引入的行為真的有機會成功，而且不會因為始料未及的生態效應而造成意外傷害。

除了評估物種的生態性需求之外，生態學家還必須考量重新引入若是成功，可能對棲地造成什麼變化，包括對其他物種的潛在影響。生物是會改變其周遭自然環境的，在這過程中，牠們也影響了與牠們共享棲地的其他生物所接觸的天然條件和資源。這些改變不一定是正面或負面的，且往往兩者兼具。當河狸修築水壩時，牠們微調了養分循環和分解的過程，改變了河川系統的物理結構，影響了運往下游的物質的質量和類型，也建構了河岸區域的植物組成（見圖30）。二〇〇九年將牠們重新引入蘇格蘭的行動，對當地的生物多樣性以及對減緩洪災與乾旱大致上是有益的，但每個獲選作為重新引入的物種，都必須根據其本身的特質獨立看待和研議。

生態復育

全球約有百分之二十五的陸地，因為土壤侵蝕、土壤鹽化、泥炭地與濕地乾涸、森林流失及沙漠化而劣化。這不是新的問題，土地劣化和地景變遷的歷史可以回溯幾千年，從土壤層裡的考古學遺跡和炭就能找到證據，甚至包括溫帶和熱帶的偏遠地區。兩千多年前，東方的孔子就發現並提到土壤和植被化的現象，西方的柏拉圖和亞里斯多德也是。獲獎無數的地理學教授暨暢銷作家賈德・戴蒙

圖 30　歐亞河狸（*Castor fiber*）建造的水壩，在蘇格蘭泰賽德區（Tayside）的沼澤地造出一座淺水池。（來源：Nick Upton/Alamy Stock Photo）

（Jared Diamond）提出有些爭議的主張：環境劣化已在歷史上造成數個人類文明的衰退和崩塌。二十世紀中期，奧爾多．李奧帕德和瑞秋．卡森等人開啟了環保使命的新時代，正視保存和復育我們破壞的地景與棲地的需求。復育地景的想法獲得廣大回響，包括全球性的植樹運動、碳封存以減緩氣候變遷，以及復育已劣化森林的生態系功能和生物多樣性。「波昂挑戰」（Bonn Challenge）計畫將目標設定為二〇三〇年前要把三億五千萬公頃的劣化土地復育為森林。在許多文化常規中，植樹都是根深柢固的一環，因此大眾對於藉由植樹來復育興致高昂也就不足為奇了。

然而復育地景不光是植樹就行了。森林和地景的復育工作必須將地景以及其含括的生態系視為複雜的適應系統，是由跨越多個時空尺度交互作用的許多元素所組成。這是全方位的生態學觀點，但是對於未來復育的規畫而言，這樣的觀點勢必會帶來一些挑戰。跨越尺度的交互作用可能會抑制或放大環境的波動，造成動態且經常是無法預測的結果。位於亞馬遜中心尚未使用多久的休耕地，先前的管理強度會影響局部範圍森林結構的復育狀況；而周遭地景的組成，也就是規模要大得多的影響，會決定森林物種的多樣性。更新過程可能造成不同的結果，取決於局部和地景尺度的交互作用狀況。

有鑑於復育可能沿著多種軌跡發展，且未來的氣候與環境條件充滿不確定因素，復育地景更恰當的目標或許是強化生態系的韌性，而不是重建特定生態系的結構或組成元素。建立生態系和地景的韌性要仰賴（重新）確立種種程序順利運作，包括對碳和養分循環至關重要的植物與土壤的交互作用、掠食者對營養網路的控制，以及授粉和傳播種子。這需要地主、地景管理者、規畫者與政策制定者的通力合作。現在在制定政策時要將「自然資本」（natural capital）列入考量，自然資本指的是對人類具有直接或間接價值的環境資產，包括物種、淡水、森林、土壤、空氣和海洋，以及將這些元素連結起來並維持生命的生態過程與功能。未來從事地景的管理和復育工作時，勢必需要具備新的生態學專業知識。

新科技

生態學的空間觀點已變得更加寬廣。不論是為了復育地景或其他目標，進行環境評估和生態監測時，都需要觀察跨越多個空間尺度的族群動態、物種互動、生態系狀態與能量流，以及干擾影響。生態學家在這方面受惠於新科技，而全球定位系統（GPS）、衛星通訊、遙測、高效能運算和基因革命的來臨，都徹底轉變了生態科學。

現在生態學家能以前所未有的程度廣泛而精確追蹤動物。追蹤裝置包括加速度計，它類似運動時使用的健身監測器，能提供動物動向的資訊，例如睡眠或獵食等行為，以及心率和耗能等新陳代謝數據。微型化（miniaturization）技術則讓我們可以在魚類、鳥類甚至是昆蟲身上放追蹤器。

由動作感應器啟動的遙控相機稱為「自動照相機」（camera trap），長久以來都用來記錄野生動物，但由於必須靠人力一一到每部相機手動下載資料，在使用上不是很方便。將自動照相機連到無線感測網路（WSN）後，現在就能遠端下載照片了。任何其他類型裝在地面的感應器，只要連到WSN，都能蒐集當地的資料，再透過WSN將資料傳送到資料中心，資訊會由資料中心上傳。散布在廣泛區域的幾千個迷你微氣候感應器所蒐集到的資料，可以利用當地的無線系統有效率地共享，也就是說要取得大量裝置所蒐集到的資訊，只需要回收一個裝置就行了。這些科技減少了一趟又一趟費力地到每個感應器手動下載的需要，還有一個額外的好處是盡可能不干擾動物或敏感區域。

聽啊！

我們是視覺動物。暫時閉上眼睛，聆聽周遭世界，你會發現觀察自然的新角度。生態學家開始記錄地景的聲音，也就是聲景（soundscape），他們從中取得關於物種組成和生態系複雜度等實用的資訊。自然環境的聲音變得貧乏，反映出人類對環境的影響，二〇一六年的紀錄片《黃昏的合唱》（*Dusk Chorus*）就呈現出這一點；此片跟著大衛・莫納基（David Monacchi）踏上探索之旅，記錄世界上一些生態系正在湮滅的聲音圖像。這呼應了瑞秋・卡森一九六二年的著作《寂靜的春天》，書中提到不自然的寂靜正是環境劣化的指標。

聲景生態學能誕生，仰賴的是自動錄音裝置、平價的儲存空間，以及能夠分析錄到的複雜音檔的專業軟體。聲景最常用來研究鳥類群落，也記錄下歐洲常見鳥類數量減少的狀況。現在聲景也用來評估昆蟲、兩棲類動物、哺乳類動物和其他會發出聲音的動物在自然棲地中的數量多寡。要從錄下的雜音中區分出物種仍然構成分析資料時的挑戰，不過這樣將研究與科技作出令人興奮的新結合，仍然可能幫助我們用新的觀點研究動物群落的多樣性和動態。

我們吃了什麼，一驗即知

特定元素的原子所包含的中子數往往會有差異，造成了不同的同位素。「重」同位素的中子數多，「輕」同位素則否。與放射性同位素不同，非放射性穩定同位素不會衰變。這些穩定同位素在生態學上很有用，因為有些同位素更易於消費者吸收，結果就是會逐漸改變食物鏈上端動物體內的同位素比值（isotope ratio）。

使用質譜法（mass spectrometry）測定的同位素比值，讓我們能推斷食物來源的種類和位置，並且對水生和陸生食物網的結構提供一些概念。結果經常令人出乎意料。現在我們了解，跨越多重營養階層攝食的雜食動物比我們原先所想的要更普遍，挑戰了可以將生命體分配到特定營養階層的觀念。這有助於解決「螞蟻生物量悖論」。一般而言，螞蟻主要被視為肉食動物，然而有鑑於動物性食物來源缺乏，從熱帶樹冠採集到的昆蟲樣本中，螞蟻代表的數量似乎高得不成比例。穩定同位素研究發現，樹冠蟻靠著植食而非獵食取得大量牠們所需的氮，牠們還會去找植物葉片或莖幹上分泌甘露的腺體，以及從蚜蟲和其他小蟲子身上採集蜜露。在加拿大湖泊，從同位素可看出有入侵魚種小口黑鱸和岩鈍鱸引入，因為原生種的鱒魚攝食行為有所改變，從吃魚為主變成吃浮游生物，展現了入侵種如何改變食物網的結構，並侵害了原生種。穩定同位素甚至揭露了觀光客帶來的低養分如何改變澳洲費沙島（Fraser Island）上湖泊的食物網，促使園區管理員改進公廁設施！

遺傳學

相較過去，現在的生態學家待在實驗室的時間更長。他們已能熟練地利用遺傳標記來追蹤幼苗的分布和來源，以及植物和動物的交配模式。結果證明，這對於理解土地覆蓋（land cover）的變化，以及森林砍伐如何影響地景中各樹種的基因交換，並進而左右可用種子的生產，發揮著關鍵作用。從哺乳動物的糞便取得DNA並以分子技術鑑定，甚至能獲得族群結構、飲食習慣、繁殖、交配頻率和寄生感染量（parasite load）等資訊。

高通量定序（high-throughput sequencing）技術的進步，使我們能利用從自然環境取得的樣本，同時針對多個物種作特性分析而找出其獨特的DNA序列（或稱為DNA條碼），而最後找出的DNA序列有幾種，就能讓我們推斷出這個環境中有幾個物種。這個「關聯族群條碼」（metabarcoding）技術有潛力革新評估群落內部物種組成的方法。

目前，要將DNA條碼連結到特定物種還有困難，因為DNA條碼與物種名稱對應的參考資料庫還非常不完整。以目前所知尚少的海洋浮游生物等例子來說，使用非傳統分類學的方法便足以估測其多樣性。儘管如此，假如生態學要從DNA相關的監測中獲益，關聯族群條碼就需要提供生物特徵和互動方面的資訊，而要有這樣的資訊就必須要先取得DNA序列的分類學分析。提升DNA

參考資料庫的庫存量只是早晚的問題。

遙測

從一九七二年開始，美國大地衛星（Landsat）便提供衛星影像，每格三十公尺的空間解析度足以探知概略的土地覆蓋類型，甚至區分大型樹倒空隙（treefall gap）與被風暴吹倒一片的樹木有何不同，這是森林動態的重要元素。從一九八〇年代起，衛星遙測技術有了突飛猛進的發展。新衛星能長期觀測地球表面，空間解析度達到每格只有五十公分。它們不但能探測植被，還包括土壤碳儲量、土壤濕度、海水鹽度，以及許多其他在生態學上很重要的環境變項。繞地球軌道運行的衛星會追蹤植被、野火型態和動物動向的變化，可能是幾天的期間，也可能長達幾年期間。

空載感測器（airborne sensor）的有效範圍雖然不如衛星，但能用遠比衛星更高的解析度拍攝植被影像，甚至測繪植物特徵和化學多樣性。空載光達（LIDAR，即雷射成像偵測與測距〔Laser Imaging, Detection And Ranging〕）會用脈衝狀雷射光照射目標物後，再藉由偵測反射光來建立植物結構和地形圖（數值高程模型〔digital elevation model〕）的3D成像。現在這些感測器已愈做愈小，使得研究人員可以將地面光達裝在背包裡帶到合適的地點放置。

未搭載人員的小型飛行器——即無人飛行載具（UAV）或無人機——現在已廣泛應用於生態學研究上。它們能以每格一公分的超高解析度測繪地景，並監測那些地景中的植被及其健全程度。使用UAV蒐集大面積區域的資料，比起在地面進行的調查絕對是更快速、更可靠也更便宜。儘管它們涵蓋的地理範圍比不上衛星，但它們確實有更高的解析度和機動性，能飛到靠近目標區域的位置。有鑑於此，它們可用來辨識植物物種和調查野生動物。我們可以舒適地在車上操控UAV，隔著遠遠的距離計算哺乳動物的族群量。婆羅洲紅毛猩猩睡覺的平台，以及非洲的象群和犀牛群，都是以這種方式監測的。UAV也正用來追蹤和拍攝鯨魚，我們分析這些照片來了解環境條件如何影響成年鯨魚的健康，以及鯨魚族群的繁殖力是否夠強。儘管UAV通常是單機作業，卻也可以用程式使它們互相串連，讓數架機具同時蒐集資料，就能涵蓋更大面積的區域。

公民科學

儘管深具價值，遙測技術仍很難為植冠底下或土壤內部的生態過程或狀況提供明燈。要達到這個目的，生態學家需要在地面作業的感測器。而充滿熱忱的人員搭配智慧型手機，就是絕佳的地面感測器了。科技使得任何人都能輕鬆蒐集生態學資料，只要有一支內建相機和GPS的行動電話就夠了。生態學家敞開雙臂歡迎「公民科學家」加入各式各樣的研究計畫，這些計畫透過群眾外包（crowdsourcing）的方式，可以取用很大的資料集。一些網路平台提供介面讓參與者交出資料，方式也許就只是上傳一張標出GPS的照片那麼簡單。公民科學能監測植病和外來入侵種的擴散，進而提供地理上廣泛分布的早期預警系統。有多款手機APP專為這類目的而開發。公民科學家正在協助保育機關鎖定和揭發非法伐木者的行蹤，用的方法是將山老鼠的犯案照片標出地理位置後上傳。透過參與式研究的鏡頭喚起人們對自然及其生態的注意，是公民科學一項好的副產品，它也有助於建立、甚至是重新發現人類社會中自然史的文化。

正在演化的生態學

生態科學正在演化，包括它提出的疑問以及它使用的方法。從衛星到軟體種種新科技，都增加了生態科學的深度和廣度，也提供它與社會接觸的新契機。製作數學模型與遠距取得資料的普及，令生態學家得以免於離開辦公椅、承受田野工作之苦。不幸的後果則是與自然史失去連結——大部分生態學家根本分不出星蟲（sipunculid）和管水母（siphonophore）有什麼不同。然而我們的自然環境，以及我們與它的關係，必須放在植物、動物和生態系錯綜複雜的交互作用脈絡中去理解才對。若是未曾憑經驗累積成的自然史而培養出對自然運作方式的直覺，我們在研究生態學時便可能喪失科學創造力。隱憂在於現在環境管理的資訊主要來自遠距取得的資料，而那些資料並不能完全反映出生態系互動和偶然事件的脈絡細節。生態學田野工作的特點，也就是聚精會神地觀察以及勤奮不懈地實驗，是什麼都無法取代的。

在他人戲謔（但也不能說完全不公允）的模仿之下，生態學田野工作者的形象是打扮隨興而稍嫌邋遢，男性渾身毛髮旺盛（女性則否），全都似乎安然自得地與一般人厭惡的生物為伍。某些轉行為電視主持人的生態學家在這類模仿表演特別活躍，利用自身的優勢博得觀眾的喜愛。仍然不可否認的是，許多生態學家，甚至是大多數，都是因為很早就迷上自然史和野外才會成為生態學家的。生態學家是基於那時候獲得的體驗，才一心致力於保育。奧爾多·李奧帕德寫道：

「唯有涉及我們能看見、理解、感覺、愛或投注信念的事物，我們才能合乎道德。」因此，為孩子們灌輸生態學家對自然史的熱情和好奇，便成為至關重要的事了。對自然的欣賞要從小開始，不論是看到餵食檯上的鳥時發出喜悅的讚嘆，對繞著燈飛的蛾提出好奇的疑問，或是看到池塘裡的蝌蚪而興奮不已（見圖31）。這類興致或許稍縱即逝，但從小接觸形形色色的生命以及自然史，能培養更敏銳的環境意識和責任感。及早養成欣賞自然史的能力，它就能維持得更久，也更有意義，若是我們想建立真正永續的社會，就應該把心思和力氣投注在孩子的教育上。生態學家都是由自然史的黏土捏塑而成的。

圖 31 對蝌蚪的早期興致可能培養出這個星球迫切需要的環境意識。
（來源：Jaboury Ghazoul）

延伸閱讀

生態學的領域極廣，能夠詮釋和應用的範圍都很大，想要進一步探索，充滿無限可能。我的建議書單約略反映出這本小書中涵蓋的主題，但顯然並不周詳。我挑選的書籍和文章可歸為三大類別：在生態學此一學科的發展上具經典指標意義，且持續發揮傳世價值；其他易於理解且知識豐富的通則性論述；以及標準大學生態學課程可能會採用的較為主流的教科書。

第一章：生態學是什麼？

Beeby, A. and Brennan, A.-M. (2004) *First Ecology: Ecological Principles and Environmental Issues*. 2nd edition. Oxford University Press, Oxford. 318 pages.

研究生態科學很棒的入門讀本。

Begon, M., Townsend, C. R., and Harper, J. L. (2005) *Ecology: From Individuals to Ecosystems.* 4th edition. Wiley-Blackwell, Hoboken, NJ. 750 pages.

大學生態學課程使用多年的教科書，比上一本的內容還要更廣一點。讀起來並不算輕鬆愉快，不過知識量豐富，尤其是將生態學視為理論性與實驗性科學的部分。

Hagen, J. B. (1992) *An Entangled Bank: The Origins of Ecosystems Ecology.* Rutgers University Press, New Brunswick, NJ. 245 pages.

以生態學理論為主題，爬梳自一九〇〇年以來生態學理論的歷史發展，寫得曉暢易讀，但帶有北美人士的偏見。

Scheiner, S. M. and Willig, M. R. (eds) (2011) *The Theory of Ecology.* University of Chicago Press, Chicago. 416 pages.

生態學有很強大的理論基礎，儘管這可能不容易察覺。本書收錄了一連串文章，旨在傳達生態學理論的明晰與結構。

第二章：生態學的開端

Anderson, J. G. T. (2013) *Deep Things out of Darkness: A History of Natural History.* University of California Press, Berkeley.

評估在生態科學的發展與環保論述中，自然史扮演什麼角色，並主張在環境變遷的當代，自然史是必要的。

Clements, F. E. (1936) Nature and structure of the climax. *Journal of Ecology* 24:

252–84.

本文作者將演替視為一種發展過程，而它的最後階段「極盛相」主要是由區域性氣候決定的，至於其他所有類型的植群，都是走向極盛相的終點過程中的一個個發展階段。儘管這種觀點已遭到淘汰，演替過程的概念仍然十分重要且具影響力。

Connell, J. H. (1961) The influence of interspecific competition and other factors on the distribution of the barnacle *Chthamalus stellatus*. *Ecology* 42: 710–23.

這篇深具創見的研究論文，探討了當兩個物種相互競爭時，若配合其對當地自然條件的不同癖性，會因此而影響其分布的形態。

Elton, C. (1927) *Animal Ecology*. Macmillan Press, New York.

早期的經典讀本，作者在書中定義了一些基本生態學概念，包括生態群落的概念是由構成群落的生物之間的營養交互作用來理解的。

Hutchinson, G. E. (1957) Concluding remarks. *Cold Spring Harbour Symposium on Quantitative Biology* 22: 415–27.

這篇論文為生態棲位正式下了定義。

Hutchinson, G. E. (1959) Homage to Santa Rosalia, or why are there so many kinds of animals? *The American Naturalist* 93: 145–59.

探討物種如何避免競爭排斥狀況，試著在看來相似的自然環境中共存。

Kricher, J. (2009) *The Balance of Nature: Ecology's Enduring Myth.* Princeton University Press, Princeton. 256 pages.

用十分易讀的文筆探索生態學的歷史，特別強調生態系自我調節相關概念的論辯。

Worster, D. (1994) *Nature's Economy: A History of Ecological Ideas.* 2nd edition. Cambridge University Press, Cambridge. 526 pages.

生態系生態學領域很優秀的歷史書。

第三章：族群

Hanski, I. (1999) *Metapopulation Ecology*. Oxford University Press, Oxford.

是一本針對關聯族群主題很徹底的綜合研究，包括作者自己對網蛺蝶作的研究。書中也收錄了關聯族群概念與保育生物學相關的討論。

Rockwood, L. L. (2015) *Introduction to Population Ecology*, 2nd edition. Wiley-Blackwell, Hoboken, NJ. 378 pages.

對族群生態學提出範本式的論述，藉由廣泛的案例與實驗來探討族群生態學的基本法則，包括競爭、互利共生、掠食和植食等互動的角色。

Vandermeer, J. H. and Goldberg, D. E. (2013) *Population Ecology: First Principles*. Princeton University Press, Princeton. 263 pages.

一種量化方法，能呈現出族群結構和動態之下的一些數學和理論基礎。

第四章：群落

Bronstein, J. L. (ed.) (2015) *Mutualism.* Oxford University Press, Oxford. 320 pages.

對生態學和互利共生的演化所提出的權威性觀點。

Eichhorn, M. P. (2016) *Natural Systems: The Organisation of Life.* Wiley Blackwell, Hoboken, NJ. 392 pages.

涵括生態學、生物多樣性與生物地理學之間連結的範本式論述。

Estes, J. A. (2016) *Serendipity: An Ecologist's Quest to Understand Nature.* University of California Press, Berkeley. 256 pages.

James Estes 在本書中，以獨特的敘事寫出他對營養層階生態學累積五十年的研究成果，並援引他在阿留申群島針對海藻森林、海獺、海膽與虎鯨之間關係的實地研究結果。

Pimm, S. L. (1991) *The Balance of Nature? Ecological Issues in the Conservation of Species and Communities*. The University of Chicago Press, Chicago. 448 pages.

Stuart Pimm 針對諸如「穩定性」、「自然的平衡」和「韌性」等廣為使用的詞彙，提供生態學角度的批判與分析，並且將這些詞彙放到食物網的結構和自然環境的脈絡中加以解讀。

Silvertown, J. (2005) *Demons in Eden: The Paradox of Plant Diversity*. University of Chicago Press, Chicago. 169 pages.

在這本極為易讀的書裡，作者將生態過程和演化過程連結起來，以藉由環境條件、物種競爭、掠食和播遷的互動效應，來理解植物多樣性的萌發與維繫。

第五章：單純的複雜問題

Colinvaux, P. (1978) *Why Big Fierce Animals are Rare: An Ecologist's Perspective.* Princeton University Press, Princeton. 256 pages.

很傑出的論文集，鑽探了許多生態學和生物學想法，書名提出的疑問只是其中之一。本書涵蓋生態學的諸多宏大概念，包括生態系、棲地、群落、棲位、合作關係以及動物族群動態等。

Connell, J. H. (1971) On the role of natural enemies in preventing competitive exclusion in some marine animals and in rain forest trees. In: P. J. Den Boer and G. R. Gradwell (eds), *Dynamics of Population.* Pudoc, Wageningen.

Janzen, D. H. (1970) Herbivores and the number of tree species in tropical forests. *The American Naturalist* 104: 501–28.

丹・詹森與約瑟夫・康奈爾獨立提出一個想法：由諸如種食性動物等天敵作為媒介的密度依變過程，能夠維繫物種間的共存。後續被命名為詹森—康奈爾的模型持續擁有很大的影響力，且是在解釋熱帶地區物種多樣性為何那麼高時，廣為接受的機制。

Sherratt, T. N. and Wilkinson, D. M. (2009) *Big Questions in Ecology and Evolution.* Oxford University Press, Oxford. 312 pages.

效法 Colinvaux 的書 *Why Big Fierce Animals are Rare* 的精神，這本書思考了

一連串基本而重要的生態學和演化學疑問，並持續加以探討和辯論。

第六章：應用生態學

Baskin, Y. (2003) *A Plague of Rats and Rubbervines: The Growing Threat of Species Invasions*. Island Press, London. 330 pages.

用引人入勝的文筆探索入侵外來種以及它們在全世界造成的問題，還有人們為了控制它們投入什麼樣的努力。

Gunderson, L. H., Allen, C. R., and Holling, C. S. (eds) (2012) *Foundations of Ecological Resilience*. Island Press, Washington, DC. 496 pages.

生態韌性理論提供一項基礎，讓我們去理解複雜系統如何適應干擾並從中恢復。本書蒐集了關於生態韌性的一些相當具影響力的文章。

Newman, E. I. (2001) *Applied Ecology and Environmental Management.* 2nd edition. Wiley-Blackwell, Hoboken, NJ. 408 pages.

Townsend, C. R. (2007) *Ecological Applications: Toward a Sustainable World.* Wiley-Blackwell, Hoboken, NJ. 328 pages.

以上兩本書描述並凸顯出環境管理和永續性方面的一些議題，並援引個人層面、族群層面和群落層面的生態學理論。

Wilson, E. O. (1988) *Biodiversity*. Harvard University Press, Cambridge, Mass.

本書匯編的文章探討了當前生物多樣性面臨的威脅、它的價值，以及保存和重建生物多樣性的務實做法及政策方向。

第七章：文化中的生態學

Berkes, F. (2008) *Sacred Ecology*. 2nd edition. Routledge, Abingdon. 313 pages.

描述和評估傳統生態學知識對自然資源管理所作出的貢獻。書中反映出對於轉換生態學視角以及從原住民使用資源的方式中獲取心得，都有愈來愈濃厚的興趣，也看得出需要吸收各種不同的傳統來發展新的生態學倫理。

瑞秋・卡森（Carson, R.）（*Silent Spring*, 1962, Houghton Mifflin Co., Boston. 378 pages）。

「在人類歷史上，每隔一段時間，就會出現一本大幅改變歷史走向的書籍。」阿拉斯加參議員葛魯林（Ernest Gruening）說。他指的就是《寂靜的春天》。

奧爾多·李奧帕德（Leopold, A.）《沙郡年紀》（*A Sand County Almanac: And Sketches Here and There,* 1949, Oxford University Press, Oxford. 226 pages）。

說起來只是一連串針對自然與我們和自然的互動的個人想法與省思，卻又極具震撼力和影響力，對現代保育科學、政策制定以及倫理學的發展都有巨大貢獻。

Lovelock, J. (1979) *Gaia: A New Look at Life on Earth.* Oxford University Press, Oxford. 148 pages.

一本引起諸多辯論的經典之作，持續激發許多人的靈感，也惹惱某些人。本書作者主張地球上的生命會如同自我組織的單一生物一般運作。

Naess, A. (1989) *Ecology, Community, and Lifestyle: Outline of an Ecosophy*. Translated and edited by D. Rothenberg. Cambridge University Press, Cambridge. 223 pages.

本書作者主張，環境議題是由人和社會的價值觀所制定出來的，而這些價值觀又來自於道德考量。他提倡我們應該將自己視為世界的一部分，因此生命和自然的價值原本就存在於我們身上，這種切入角度的基礎是「深層生態學原則」。

第八章：未來的生態學

Dayton, P. K. (2003) The importance of the natural sciences to conservation.

American Naturalist 162: 1–13.

以綜合論述的方式呼籲大眾重拾科學課程中自然史方面的基本知識，才能充分理解環境管理和保育的議題，並採取有效行動。

Devictor, V., van Swaay, C., Brereton, T., Brotons, L., Chamberlain, D., Heliölä, J., Herrando, S., Julliard, R., Kuussaari, M., Lindström, Å., Reif, J., Roy, D. B., Schweiger, O., Settele, J., Stefanescu, C., Van Strien, A., Van Turnhout, C., Vermouzek, Z., WallisDeVries, M., Wynhoff, I., and Jiguet F. (2012) Differences in the climatic debts of birds and butterflies at a continental scale. *Nature Climate Change* 2: 121–4.

這篇論文比較了鳥類和蝴蝶群落順應全歐洲氣溫變化而移動的速率。結論是鳥類和蝴蝶都跟不上氣溫上升的速度，表示這些群體在陸塊上的「氣候債」是在累積的。

Hampton, S. E., Strasser, C. A, Tewksbury, J. J., Gram, W. K., Budden, A. E., Batcheller, A. L., Duke, C. S., and Porter, J. H. (2013) Big data and the future of ecology. *Frontiers in Ecology and the Environment* 11: 156–62.

現在生態學家能用各種方式產生愈來愈龐大的資料，然而這樣的資料如何管理配置，卻沒有什麼共同的規畫。這篇文章提倡，若是生態學家想解決未來大規模的複雜問題，就必須為後代將資料妥善地組織和歸檔，應該免費分享自己的資料，且應該與科學家以及民眾一起合作。

本書無法詳細探討的其他主題，可以參考下列書目：

Brown, J. H. (1995) *Macroecology.* Chicago University Press, Chicago. 269 pages.

生態過程造成自然界的樣態，但這些樣態多半都是從相對小的空間尺度去探索的，因為比較易於觀察和實驗。巨觀生態學（macroecology）領域將這門學科拓展到遠遠更大的時空尺度，能探索全地球的生命樣態。

Crawley, M. J. (ed.) (1997) *Plant Ecology*. Blackwell Science, Oxford. 736 pages.

很優秀的選編文集，廣納植物生態學的相關主題，包括生態生理學（ecophysiology）、族群動態、群落結構、生態系功能、植食行為、性、播遷、全球暖化、汙染和生物多樣性等等。

Ghazoul, J. and Sheil, D. (2010) *Tropical Rain Forest Ecology, Diversity, and Conservation*. Oxford University Press, Oxford. 516 pages.

深入淺出地介紹世界上的熱帶雨林、它們的物種多樣性，以及支持著它們的豐富生態互動。

Whittaker, R. J. (1998) *Island Biogeography: Ecology, Evolution, and Conservation.* Oxford University Press, Oxford. 285 pages.

生物地理學植根於生態學。「島嶼生物地理學理論」最初是由羅伯特・麥克阿瑟（Robert MacArthur）和愛德華・威爾森（E. O. Wilson）在一九六七年的同名著作中提出來的，他們用它來解釋島嶼上物種的豐富性與動態。這個話題在保育理論中變得極具影響力，尤其是在辯論保護區的大小和數量問題時。

With, K. A. (2019) *Essentials of Landscape Ecology.* Oxford University Press, Oxford. 656 pages.

地景生態學是探索跨越廣泛尺度的自然與人造地景中，其生態過程及模式的科學。

© Jaboury Ghazoul 2020
through Andrew Nurnberg Associates International Limited
Traditional Chinese edition copyright:
2024 Sunrise Press, a division of AND Publishing Ltd.
Ecology: A Very Short Introduction, First Edition was originally published in English in 2020. This Translation is published by arrangement with Oxford University Press. Sunrise Press, a division of AND Publishing Ltd. is solely responsible for this translation from the original work and Oxford University Press shall have no liability for any errors, omissions or inaccuracies or ambiguities in such translation or for any losses caused by reliance thereon.

生態學：理解我們的世界如何運作

Ecology: A Very Short Introduction

作　　者　傑布里・哈蘇（Jaboury Ghazoul）
譯　　者　聞若婷
審　　訂　林大利
責任編輯　王辰元
封面設計　萬勝安
內頁排版　藍天圖物宣字社
發 行 人　蘇拾平
總 編 輯　蘇拾平
副總編輯　王辰元
資深主編　夏于翔
主　　編　李明瑾
行銷企劃　廖倚萱
業務發行　王綬晨、邱紹溢、劉文雅
出　　版　日出出版
　　　　　地址：新北市 231 新店區北新路三段 207-3 號 5 樓
　　　　　電話（02）8913-1005　傳真：（02）8913-1056
發　　行　大雁出版基地
　　　　　地址：新北市 231 新店區北新路三段 207-3 號 5 樓
　　　　　24 小時傳真服務（02）8913-1056
　　　　　Email：andbooks@andbooks.com.tw
　　　　　劃撥帳號：19983379　戶名：大雁文化事業股份有限公司
初版一刷　2024 年 9 月
定　　價　450 元
版權所有・翻印必究
ISBN 978-626-7568-13-2

Printed in Taiwan · All Rights Reserved
本書如遇缺頁、購買時即破損等瑕疵，請寄回本社更換

國家圖書館出版品預行編目(CIP)資料

生態學：理解我們的世界如何運作 / 傑布里・哈蘇（Jaboury Ghazoul）著；聞若婷譯. -- 初版. -- 新北市：日出出版：大雁出版基地發行, 2024.09
面；　公分
譯自：Ecology : a very short introduction

ISBN 978-626-7568-13-2（平裝）
1. 生態學

367　　113012884